The Rhythmic Movement Method

布隆貝格
韻律運動訓練

哈拉爾德·布隆貝格醫生　著
By Harald Blomberg　M. D.

陳欣蔚博士　譯

布隆貝格韻律運動訓練與其他體系
有何分別？

目前各地有不少打着布隆貝格醫生的旗號開班授徒，教導韻律運動，而事實上卻未有獲得布隆貝格醫生的認可。即布隆貝格醫生並不承認「布隆貝格韻律運動訓練®」（BRMT）以外的韻律運動體系。

每個人都希望將最好的給家人，以明亮的目光作正確的選擇，為子女找尋適當的、真正具成效的韻律運動是非常重要。而「布隆貝格韻律運動訓練®」是經過數十年的努力研發實踐而得出的成果，然而布隆貝格醫生及其認可的團隊導師都清楚瞭解到「布隆貝格韻律運動訓練®」必須要與時並進，絕對不容許停滯不前。

經過不斷的探究觀察，布隆貝格醫生瞭解到社會環境因素及飲食習慣，與韻律運動訓練能否有顯著效果絕對息息相關。愈益嚴重的電磁波輻射、重金屬、食物添加劑、不健康的飲食等問題，不僅危害孩子的免疫系統及腦部發展，更會影響韻律運動訓練的成效。

本着堅守讓孩子生活在一個健康環境的理念，「布隆貝格韻律運動訓練®」不單只注重運動和整合反射，亦關注環境因素，開拓一套革命性的方法，讓「布隆貝格韻律運動訓練®」可以發揮出更高成效，這正是「布隆貝格韻律運動訓練®」的獨特與唯一。

注意事項

　　本書所描述的程序和技術僅供教學用途。本書之作者、譯者和出版人並沒有直接或間接地以本書任何部分，作為任何讀者或學員的任何身心困難、障礙或病症的診斷、治療或處方，也不對任何誤用此書及此運動訓練的人士或其任何家庭成員負責。任何人亦只可使用本書所講述的活動、程序和動作於教育用途。建議在開始任何運動訓練之前，先諮詢醫生的專業意見。

　　未得作者及出版人書面同意，不可以任何形式重製或使用本書的任何一部分作任何用途。如有疑問，請與出版人接洽，電郵：enquiry@honofamilyedu.com。

　　如閣下想尋找具專業資格的「布隆貝格韻律運動訓練®」（Blomberg Rhythmic Movement Training®）專業教練或課程導師，請參閱本書之「布隆貝格韻律運動訓練及各個課程和導師的資料」的章節，或訪問官方網站：www.blombergrmt.asia（亞洲地區）或 www.brmtcn.cn（大中華地區）。

　　任何人自稱擁有教授「布隆貝格韻律運動訓練®」課程的資格、從事有關「布隆貝格韻律運動訓練®」或「貝氏療法®」的業務、或以「布隆貝格韻律運動訓練®」或「貝氏

療法®」作商業用途而他還未得到由哈拉爾德·布隆貝格醫生所發出的認可資格去從事有關活動,便屬違規。哈拉爾德·布隆貝格醫生只會認可「布隆貝格韻律運動訓練®」導師所教授的課程,坊間其他的韻律運動訓練機構的課程是不被他所認可的。如有疑問,請電郵:info@blombergrmt.asia(亞洲地區)或info@brmtcn.cn(大中華地區),或微信至賬號honofamily,或掃以下二維碼訪問我們的微信公眾號,瞭解更多有關「布隆貝格韻律運動訓練®」於大中華區的發展情況。

目錄

前言

《布隆貝格韻律運動訓練》（英文版為《The Rhythmic Movement Method》） 這本書是我 2008 年的瑞典文原著《Rörelser som helar》的最新版本。（註：莫伊拉‧登普西曾於 2011 年輔助我一起發行《Rörelser som helar》（2008）的英文版《Movements that heal》）

我於 2012 年後將 2008 年的瑞典文原著《Rörelser som helar》更新，並翻譯成多種語言（但並未包括英文版），而中文版於 2013 年出版，《布隆貝格韻律運動訓練》這本書是 2008 年原著的更新版本，跟 2011 年發行的英文版本有所不同，後者內容更加關注環境因素不僅對自閉症產生影響，對於患有專注力和學習問題的人也影響深遠，我也重新撰寫書中有關自閉症的章節，還包括了很多有關原始反射的內容，希望能給讀者一個更清晰的理解。2014 年，我再將所有內容重新編排及更新，以及因應不斷變化的環境因素加入新元素，並將書名的英文版改為《The Rhythmic Movement Method》，由我親自發行。

我所開拓的韻律運動訓練是一套隨着時間、身體狀態及環境因素不斷變化的運動療法。跟我最初運用韻律運動訓

練於工作時相比，現今幫助孩子在生理、情緒及精神上得到發展、成長或治癒，所面對的挑戰愈來愈大。從我的個人以及在課堂上不同的老師和治療師所分享的經驗來看，我發現現今的孩子出現的問題較十年前，甚至三、四年前為嚴重，專注力問題、自閉症、情緒問題及學習困難等的個案，在世界各地急劇增加。

現時當我運用韻律運動來治療患有多動症（又稱過度活躍症，簡稱 ADHD）、學習困難或運動問題等的兒童時，韻律運動愈來愈起不到迅速的作用，這跟我最初運用時出現的效果大為不同。有見及此，我開始研究現今孩子的健康每況愈下的成因，並在此書中加入一個章節講述食物不耐受和韻律運動訓練的關係，以及他們需要配合的生活模式，希望能讓韻律運動的效果發揮得最好。現今孩子的免疫系統嚴重受環境因素影響，如：電磁場輻射、重金屬、食物添加劑及其他化學物質、缺乏營養和不健康的食物等，從而引致麩質敏感及乳糜瀉的個案急劇上升。來自手機和無線網路以及麩質和酪蛋白不耐受的壓力都是導致現今孩子的健康變差的主要原因，所以為了使韻律運動訓練發揮得更淋漓盡致，在進行韻律運動的同時，必須要處理以上的環境因素所造成的影響。

因此，韻律運動訓練不可單單只注重運動和整合反射，亦需要顧及環境因素，這從長遠來看才是真正有效的。我所創立的「布隆貝格韻律運動訓練®」（Blomberg Rhythmic Movement Training®）致力於堅守生活在一個健康的環境，

以及進行健康和有足夠營養的飲食的大前提下,「健康是每個人自然的本質」的原則,因此「布隆貝格韻律運動訓練®」亦顧及現今世界的環境壓力因素,並建議一系列的步驟去結合韻律運動訓練,開拓一套革命性的方法,以改善人們的健康和福祉,這套由我所開拓的方法稱為 Rhythmic Movement Method(貝氏療法®)。我亦藉此機會將這本更新版的書籍(英文版)以此命名。

　　這本書是獻給所有正在尋找不同方法去幫助有學習困難和情緒問題的成年人和孩子的人,包括老師、家長及治療師,讓那些成年人及孩子能過着愉快和優質的生活,提升他們的學習能力,以及最重要的是可以停止服用藥物。書中會介紹一套簡單而具治療作用的運動,我稱它為「韻律運動訓練」(Rhythmic Movement Training)。這套訓練是建基於一位瑞典籍女士克斯廷·林德(Kerstin Linde)所創的韻律運動,此運動通過對大腦及神經系統的刺激,使人們能夠自我更新及建立新的神經連接,從而幫助他們在生理、心理及精神上得到發展、成長或治癒。這些運動其實是我們與生俱來的運動模式,而此等運動模式需要被激活,讓幼兒能正常地發展。

　　此套運動有時會好像魔法一樣,可在短時間之內發揮十分出色的效果。我會盡最大的努力以科學理據去解釋為何這些簡單的運動有如此大的威力,讓各位讀者能更容易理解及掌握。

　　我跟從克斯廷·林德學習韻律運動,並且把這套運動

應用於我從事的精神科工作中超過二十五年。克斯廷・林德原本是一名攝影師,她通過透徹地觀察嬰兒、兒童及成人進行的動作從而創造出她的方法,而她的方法是以嬰兒自發地進行的韻律運動為基礎。我在 1980 年代後期開始跟隨她工作數年,並且寫了一本書名為《Helande Liv》(英文譯為《Healing Life》),此書並沒有從瑞典文翻譯成英文。

「韻律」是克斯廷・林德的方法的一大重要元素,其他協助有運動和學習困難的孩子的方法都是由嬰兒運動啟發出來,但它們都缺乏「韻律」元素。在書中,我會用不同的實例去讓大家明白嬰兒韻律運動是兒童發展運動、情緒及智能的最基本的重要因素。

克斯廷・林德的方法的其中一個主要效果是能夠整合嬰兒的原始反射,她經常強調正確或確切的韻律運動可整合原始反射。對於年幼的孩子來說,這種情況是真確的,但對於年長的孩子或成年人,他們需要加上其他方法去輔助他們整合反射。俄羅斯籍女心理學家斯韋特蘭娜・瑪斯吉蒂娃(Svetlana Masgutova)所創的整合原始反射方法是十分有效的,並且可幫助韻律運動發揮得更好。

多年來,我曾在瑞典和其他歐洲國家、亞洲國家、澳洲以及美洲國家等教授韻律運動訓練課程。在課程中,我會把我的知識介紹給老師、物理治療師、職業治療師、行為視光師、按摩師、其他專業人士及有不同困難的孩子的家長。

這本書的內容是根據韻律運動訓練內的各科課程手冊來編寫的,當中的理論部分與課程手冊內容無異。我特意地

以一些合乎情理的科學理論去解釋韻律運動訓練在不同的情況下帶來的優秀效果，所以，此書會闡述一些大腦和神經系統的結構和功能，以及原始反射；在不同的章節內，我也會用不同的真實案例說明韻律運動的功效。

在此，我要感謝馬丁博士（Dr. Mårten Kalling）提供了許多有價值的見解和科學文章，這都有助於我解釋韻律運動的操作。

我也要感謝桑德拉．阿爾姆博格（Sandra Almenberg）、里卡多．毛勒．格魯伯（Ricardo Mauler Gruber）和伊娃瑪麗亞．羅德里格斯．迭斯（Eva María Rodríguez Diez）協助整理書中的插圖，以及陳欣蔚把此書翻譯成中文版本。

Harald Blomberg

哈拉爾德．布隆貝格
（Harald Blomberg）
2014 年 8 月

希望重燃的鼓舞

陳欣蔚博士

譯者陳欣蔚博士與 Dr. Harald Blomberg
攝於香港九龍醫院（2016 年 1 月）

　　作為「布隆貝格韻律運動訓練®」導師培訓師及亞太區總監、恩典家庭教育中心創辦人及課程總監，有幸參與《布隆貝格韻律運動訓練》的翻譯及出版，與「貝氏療法®」推廣並肩同行，實在是一件令人感恩的事。

　　記得在 2009 年，當我完成「中國蒙台梭利協會 3-6 歲導師」課程，取得幼師資格後，我收到很多朋友的查詢，問

及蒙特梭利教學法能否幫助有學習障礙的孩子。作為兩個小朋友的母親，我深深體會到這些學障兒童的母親身心上的焦慮。我撫心自問，真正的教育是否只着重培育資優兒童？還是可以透過合適的方法，協助有學習障礙的兒童，讓他們都能擁有更好的全人發展？

在走訪世界各地鑽研各種技術的機緣之下，我接觸到「布隆貝格韻律運動訓練®」（Blomberg Rhythmic Movement Training®，簡稱 BRMT），認識到若配合正統的課程訓練，「布隆貝格韻律運動訓練®」對於不同問題的兒童及成年人，成效都十分顯著。當中包括有先天受損、被醫生診斷為不可能會有任何進展的嬰兒，在接受運動訓練後，能夠開始爬行、學習坐着及站立；亦有患上嚴重 ADHD 的小孩在進行運動訓練後，性情變得溫馴及有邏輯；也有自閉症兒童在進行運動訓練後數月開始懂得與別人打招呼，甚至能夠與我四目交投和流暢地運用語言溝通。每一個個案的進步都令我十分安慰、鼓舞及感動，使我有更大的動力向前推進。

認識到「布隆貝格韻律運動訓練®」的開發者 Dr. Harald Blomberg，是我人生的一個轉捩點。經過我多番聯繫及邀請，終於成功邀請到 Dr. Harald Blomberg 於 2013 年 1 月首次來港，親自教授「布隆貝格韻律運動訓練®」課程。Dr. Harald Blomberg 雖然已年屆七十多，但他仍然活力充沛，堅持不懈地到世界各地教授「布隆貝格韻律運動訓練®」課程。最令我敬佩的，是他願意無私地、毫無保留地把他所知的一切傾囊教授。從 Dr. Harald Blomberg 的教誨下，不單使

我對「布隆貝格韻律運動訓練®」各個範疇增加不少認識，更讓我學到了很多書本以外的知識，使我獲益良多。同時很榮幸得到 Dr. Harald Blomberg 的認同，讓我能跟隨老師遠赴瑞典、法國及日本等地學習，這改善了我應用「布隆貝格韻律運動訓練®」的技巧和教學方法，使我能將「布隆貝格韻律運動訓練®」的精髓帶到香港。

現今社會患有注意力不足、多動症、自閉症、讀寫障礙等的人數個案不斷上升，我十分希望能把「布隆貝格韻律運動訓練®」這套方法帶給他們，使他們重燃對人生的希望，正常地過着快樂的生活。「布隆貝格韻律運動訓練®」獨特之處是不需要服用藥物來輔助，只需每天進行數分鐘的韻律運動練習，大多數有問題的孩子以至成年人，都在可預期的時間內有十分顯著及令人鼓舞的效果。而使我最感動的，就是見證很多家長從最初的絕望和無助，變成流露出希望和喜悅，同時「布隆貝格韻律運動訓練®」課程能夠得到愈來愈多家長的認識及認同。

最後，我十分感謝 Dr. Harald Blomberg 讓我把他的多本著作及他各個課程的手冊翻譯成中文版本，並容許我處理「布隆貝格韻律運動訓練®」亞洲區（除日本外）的事務。我盼望在亞太區拓展「貝氏療法®」，提升社會對家庭教育的重視，弘揚 Dr. Harald Blomberg 助人及教育精神，讓更多有需要的人獲得裨益。

孩子們，你們天真爛漫的笑容，率直的個性，每一個真摯的擁抱，是上天給人類的瑰寶。Never Give Up! Never

Regret！Never Too Late! 讓我們一起攜手，建立一個更美好的未來！

　　願天下父母共勉之。

陳欣蔚博士
2018 年 4 月

自序

◀ **我與克斯廷‧林德的相遇**

在 1985 年，我結識了克斯廷‧林德，她自創了一套方法，並稱之為韻律運動教育學。當時，我是一位精神科醫生，在精神專科門診部工作，我擁有神經語言程式學教練資格及曾接受過兩年催眠學的訓練。

克斯廷‧林德把韻律運動應用於兒童及成年人身上的方式，激發起我的興趣。她認為此運動對所有不同的病人，包括有嚴重運動障礙的兒童以至有精神病或抑鬱症的成年人，都有十分顯著及理想的效果。我請求她容許我於她工作時坐在她身旁，從而學習和了解她的方法，她亦親切地答應我的請求。她之後建議我跟着她一起工作，讓我得益更多，我亦接受了她的好意。

對於那些有嚴重運動缺陷的兒童的治療進度我所知甚少，就連我所有的醫學訓練也很少涉及這類問題。一些痙攣兒童不能活動自如，也不能說話，並有嚴重的斜視或遠視問題，但他們經過幾個月的運動訓練後，竟然可以開始爬行及扶着家具站起來，甚至可以說出由三四個字組成的簡單句

子。我觀察到他們的斜視問題完全消失，以及這種訓練如何大大地改善遠視。

他們的父母和我一樣，對孩子迅速的改善感到十分驚訝，尤其是當孩子的主診醫生及物理治療師曾經告訴他們，就算在藥物治療後，不要期望孩子有顯著的進步。在很多情況下，父母會覺得醫生及物理治療師只着重於教導他們更深入瞭解孩子的障礙，以及接受現狀，多於協助孩子改善問題。

◀ 運用韻律運動在精神科門診病人身上

我觀察到，不僅是有嚴重障礙的兒童，還包括有背痛、骨關節炎或精神病症狀的成年人，在進行韻律運動後，也有十分明顯的進步。這推動我把韻律運動推薦給我的病人，當時我還在精神科門診部當顧問，我教他們幾個簡單的韻律運動動作，並且每天做一次及每次不多於十分鐘。由於很多病人在練習韻律運動之後，都能緩解他們的抑鬱、焦慮或其他精神病症狀，所以這些韻律運動很快便流行起來。很多病人在韻律運動的刺激下能記起自己的夢境，這好像為他們打開另一個新世界一樣。我也察覺到，精神病患者很多時會把他們的心理發展從夢境中反映出來。

負責照顧精神病患者的護士也留意到病人在各方面也有改善。病人減少了退縮的情況，對社交也變得活躍和感興趣，他們的精神病症狀減少了，甚至有兩名患上精神分裂症

數年的病人的相關症狀完全消失。

這些病人都對治療非常感激，並感到滿意，但是當我的上司知道了我的治療程序後，便禁止我繼續採用這種療法。他與我爭論，指這種療法「並未得到普遍的接受或不是特別的廣為人知」。我拒絕了他的指令；為了終止我的療法，他在別無他法之下把事件報告給國家衛生與福利委員會。有關調查於 1988 年開始，我寫了十個研究案例記錄了治療的效果，而且我的很多病人都有去信給委員會表示對這種治療方法的讚賞。委員會的正式報告提出這種治療方法「得到很多病人的正面評價」，又指「運動治療是一種有價值的貢獻，但它的發展卻似乎處於僵局或停滯的情況」。此外，我的上司亦被委員會批評缺乏對住院和門診治療之間的協調。經此一役，我開始被我的上司排斥，所以我便決定辭職。

◀ 有關韻律運動的科學研究展開

在 1989 年，我開始私人執業，一年後，我的同事馬丁博士邀請我介紹韻律運動給一群長期患有嚴重精神分裂症的病人，當中大部分病人住在精神病院已超過十年以上，我們開始每星期在那處工作兩天。於 1991 年，我在默奧大學參與由一位心理學助理教授所監督的有關韻律運動的研究。

我需要為研究經費撰寫一份申請撥款的報告，內容包括總結以前在相同領域的研究，以及描述韻律運動的動作模

式及為何它對精神分裂症患者有十分出色的效果。我發現之前並沒有任何關於韻律運動的相類似研究，因此，我創先河地嘗試解釋韻律運動的運作模式。

這項研究歷時兩年並顯示出良好的效果。病人分成兩組，一組會進行韻律運動，另一組為對照組，並沒有進行韻律運動。兩組相比，有進行韻律運動的一組病人顯示出十分正面的轉變，他們對身邊的事物更感興趣及更願意參與社交活動，如職業治療和在病房中進行不同的日常雜務。

◀ 克斯廷・林德指出韻律運動的作用

克斯廷・林德形容韻律運動是有節奏的全身律動，根據她的說法，這套方法是以身體功能的全面性基礎，透過整體地消除身體上的功能障礙，出現的症狀便可間接地得到糾正。通過訓練，大腦學會控制身體和運動器官，以及於每一個動作能自動地運用適當水平的肌張力。克斯廷・林德指出，訓練的目標是確保身體各部分有良好的血液循環及氣體交換（如氧氣、二氧化碳等）。

克斯廷・林德創立這套方法的靈感，是從嬰兒在起身或走路前進行的自發性的韻律運動而得來的。透過進行這些運動，嬰兒能學會在移動身體時運用適當的肌張力，和自動調節身體去適應重力。如果我們未能掌握如何調節肌肉，便會自動地運用會損害關節及脊柱的肌張力，阻礙血液循環

及氣體交換，最終會導致不同的痛症及關節磨損，尤其是膝部、臀部及脊柱部分。

◀ 以一個全面的理論去解釋韻律運動的成效

　　克斯廷·林德的理論並不能解釋韻律運動如何可以激發腦癱兒童的語言發展或改善慢性精神分裂症患者的症狀，於是我便盡力地去尋找其他的理論去幫助解釋韻律運動的成效。

　　一位美國科學家保羅·麥克林（Paul MacLean）的三合一的大腦理論啟發了我，幫助我去解釋韻律運動的成效。根據這理論，人類的大腦可分為三大層次，分別負責運動能力、情緒及認知功能。嬰兒出生後，這些大腦部分已在其位，但還未完全發育及連繫在一起，這些過程一般會於出生後的第一年才開始。

　　當我觀察克斯廷·林德為一些有嚴重運動障礙的兒童進行治療時，我察覺到運動障礙的程度愈嚴重，他們的其他功能如語言、情緒及認知功能的發展會愈少。但當他們開始進行韻律運動訓練後，運動能力的進步愈迅速，他們這些功能的發展也會愈快。綜合這些觀察，我得出的結論是，大腦需要從運動得到刺激，使其發展和成長，而這些刺激能讓大腦的不同層次連繫在一起。可是，這個結論沒有被研究大腦的學者和醫生所認同，他們一般認為大腦只需要氧氣和營養，像植物般發展。

綜合累積的經驗，我能夠以一個合理的解釋闡述韻律運動為何能改善語言發展及精神病症狀。隨後，我於 1998 年在瑞典發行了我首本有關韻律運動訓練的書籍去深入解釋這些理論。

◀ 韻律運動與原始反射

在我認識克斯廷‧林德之前，我曾參加過一個由英國神經生理心理研究所（簡稱 INPP）的創辦人彼得‧布萊斯（Peter Blythe）所教授的關於原始反射與學習障礙的課程。

原始反射是由腦幹控制的自動及刻板的動作，這些反射是負責管理胎兒及新生兒的肢體運動，它們需要被抑制及整合，從而使孩子的運動能力得到適當的發展。嬰兒需要透過進行有韻律的身體律動，不斷重複不同的反射模式，使原始反射得到整合。克斯廷‧林德常說，她能觀察到原始反射的模式，但並沒有刻意地進行與原始反射有關的整合工作，因為她使用的韻律運動會自動整合原始反射。

在 1994 年，我開始全職投入我的私人執業。當我把從克斯廷‧林德所學到的韻律運動應用到我的兒童病人身上後，我發現他們全部都能有效地整合原始反射。我同時發現，一些跟嬰兒動作相似的運動可整合幾種原始反射。

大約十三年前（即 2000 年初），我從一位俄羅斯籍女心理學家斯韋特蘭娜‧瑪斯吉蒂娃那裏學習了另外一套整合原

始反射的方法。她的方法是利用十分輕力的等距壓力去加強
反射模式，這方法對年長的兒童及成年人特別有效。

◀ 韻律運動訓練

　　由九十年代起，我偶爾也會教授韻律運動給各治療
師、老師及醫護人員。自從我首本有關韻律運動訓練的書籍
於 1998 年出版後，人們對這課程的需求更殷切。由 2002 年
起，我開始在瑞典定期教授韻律運動訓練課程。

　　最初我寫了三個課程，每一個課程對應三合一的大腦
理論中的其中一個層次。在第一級的課程裏，我會集中人類
大腦的腦幹和爬蟲腦，教授韻律運動為何及如何不單可以提
升運動能力，更可以改善專注力和過動的情況，更能整合對
多動症有重要影響的原始反射。在第二級的課程裏，我主要
集中講解人類大腦的哺乳動物大腦，此部分即是我們的邊緣
系統，負責控制情緒，我會教授韻律運動如何改善情緒管理
及如何提升自我肯定和自信心。第三級的課程集中大腦新皮
質的功能，以及如何使用韻律運動和特別的反射整合運動，
改善閱讀和書寫困難、視覺和辨音問題，以至閱讀理解能
力。

　　由於我不希望被當初跟隨克斯廷·林德的工作所學到
的限制了我在韻律運動方面的發展，所以我決定在韻律運動
訓練的課程上開拓其他的課題，例如測試及整合原始反射，

除了利用韻律運動整合各種反射外，我也加入了等距壓力的方法。我有超過三十年運用韻律運動的臨床經驗，當中包括運用於有不同程度障礙的兒童和成年人，這些都是寶貴的經驗，提供了不可或缺的元素，使我能開拓這些韻律運動訓練的課程。

我的目標是以科學化，以及最簡單的方式，合理地解釋韻律運動的作用，使沒有接受過醫學教育的普羅大眾也能看懂，馬丁博士為我提供了許多科學文章來幫助我達到這點。

在瑞典，只有接受過醫學訓練的人才獲准治療八歲以下的孩子。克斯廷・林德強調韻律運動是一種教學方法，所以她把這方法稱為教學法，並不是治療。我最後決定將我根據克斯廷・林德的韻律運動而開拓的方法稱為「布隆貝格韻律運動訓練」。

◀ 韻律運動訓練的進一步發展

由於我是布隆貝格韻律運動訓練的創造者及開發者，並不是一個組織者，所以我決定與一些機構合作，由它們安排我提供布隆貝格韻律運動訓練的課程，我便能投放更多的資源及時間去開拓韻律運動訓練的研究。在瑞典，主辦我教授的韻律運動訓練課程的，是一間專門訓練感覺統合及正向學習的教育中心。自 2004 年起，我獲邀請定期授課給學前教育的老師，這些老師的服務對象是大約十八個月至三歲大

的幼兒。

　　2003 年，我跟莫伊拉‧登普西合作了一段短時間，我把我的瑞典文課程手冊翻譯成英文，她輔助我修改手冊的編排及把插圖加進手冊當中，並且協助我到東南亞、澳洲及美國授課。在 2005 年，我獲邀請到西班牙授課，韻律運動訓練在當地十分普遍及流行，我每年會於西班牙定期教授不同的課程。

　　除了教學外，我也繼續私人執業，尤其是集中處理一些有運動功能障礙、專注力不足、學習困難及自閉症譜系障礙等問題的人。一直以來，我從處理有不同障礙的兒童的臨床經驗及教授不同背景的人中，得到很多啓發，讓我可以不停地把最實用和最切合需要的新元素加入課程中。在西班牙，我的課程得到很多視光師的讚賞；最近，我的西班牙主辦者伊娃瑪麗亞‧羅德里格斯‧迭斯成功地把一個韻律運動訓練的短期課程納入馬德里大學視光學的訓練之中，由她任教。當我在西班牙教授課程的同時，上課的視光師也幫助我完善有關閱讀困難的課程資料，尤其是開發出新的技巧及視覺運動，從而更有效地改善視力。（註：現在的三級課程內容是與西班牙的視光師共同研發）

◀ 韻律運動訓練的最新課程

　　韻律運動訓練在許多不同的領域均能取得正面的效

果，前文已作了許多的描述。為了讓不同範疇的專業人士能更有效掌握韻律運動，我近年開發了幾個新的課程。針對學前教育工作者的需要，我特別設計了一個名為「布隆貝格韻律運動訓練與學前幼兒培育」的課程，此課程主要介紹如何配合兒歌、童謠及遊戲去教導幼兒韻律運動，幫助他們整合反射。

韻律運動訓練對心理治療有十分理想的成效，它能幫助人們觸摸自我的潛意識及透過夢境改善情緒。我開設了一個「布隆貝格韻律運動訓練、夢境與內在醫治」的課程，並經常在瑞典及西班牙教授此課程。

在我的執業及教學生涯中，經常遇到因為原始反射未完全整合而導致頸痛、背痛或臀部痛症等的人。數年前，我創立了專為物理治療師及按摩師而設的新課程「布隆貝格韻律運動訓練與痛症管理」，此課程重點在於舒緩引致痛症和頸背、胸椎及腰椎關節炎的肌肉緊張，當然也會教授簡單而持久的糾正骨盆旋轉的運動。這課程在瑞典是最受歡迎的課程之一。

◀ 運用韻律運動訓練於自閉症譜系障礙上

在過去的十多年間，自閉症譜系障礙（簡稱 ASD）已愈來愈普遍，很多家長都會帶他們的自閉兒來我這裏進行韻律運動訓練。韻律運動訓練可幫助一些兒童改善言語和情緒的

發展，但也有一些兒童的進展顯得十分緩慢，韻律運動訓練更會引致他們變得過動及出現嚴重的情緒反應，而得益最大的兒童都在進行無麩質和無酪蛋白的飲食。

因此，我決定開發一個有關自閉症的韻律運動訓練課程。當我深入研究此課題時，我相信自閉症有很大程度上是由環境因素如重金屬、疫苗接種和電磁輻射所造成的，這些因素會損害免疫系統和腸道健康。這些情況皆會導致大腦發炎，由此解釋了許多自閉症症狀出現的原因。我的結論是，韻律運動訓練是需要配合其他方面的輔助，如飲食習慣及食物營養補充劑的使用，使其發揮最佳效果。

當我愈深入研究造成障礙的環境因素，我就愈意識到我有需要撰寫一本相關的書籍。在 2010 年，我寫了一本有關自閉症的書籍，名為《Autism-en sjukdom som kan läka》（英文譯為《Autism — a disease that can heal》）並在瑞典出版，其中文版及英文版分別於 2014 年在香港及 2016 年在美國發行，中文版書名為《自閉症：一種可醫治的疾病》。

◀ 《布隆貝格韻律運動訓練》

在 2008 年，我發行了一本瑞典文書籍《Rörelser som helar》（英文版書名為《Movements that heal》），它總結了我所教的不同課程，輔以很多不同的病例去解釋韻律運動的功能及發展。我親自將此書翻譯成英文版及作出一些修

飾，並於 2011 年跟莫伊拉一起發行。

其後，我以多年的醫學知識和臨床經驗，以及綜合最新的科學研究理論，不斷把這套方法注入新元素，演變成今天的「布隆貝格韻律運動訓練®」，讓希望學習韻律運動訓練的學生能實踐我最新及最正統的理論。

《布隆貝格韻律運動訓練》這本書是我的 2008 年瑞典文原著的更新版本，內容更加關注環境因素不僅對自閉症產生影響，對於患有專注力不足和學習問題的人也影響深遠。我也重新撰寫書中有關自閉症的章節，還包括了很多有關原始反射的內容，希望能給讀者一個更清晰的理解。

我再為課程內容因應不斷變化的環境因素作出更新，並且加入新的理論及運動模式，務求把這套方法發揮得淋漓盡致，切合現今社會環境的需要，這套由我所開拓的方法稱為 Rhythmic Movement Method（貝氏療法®）。我把書本內容更新和翻譯成英文版本，並把此書本名為《The Rhythmic Movement Method》及親自發行。

第一章
治療多動症的
傳統醫學方法

◀ 中樞興奮劑和多動症

凡兒童出現過動、不專心、易受外界因素影響而分散注意力、做甚麼事情也容易感到疲倦、組織困難、容易衝動等徵狀，皆被認為患有「多動症」（亦稱為過度活躍症，簡稱ADHD）。

在美國，醫生傳統上會處方中樞興奮劑來治療多動症的症狀。這些令人容易上癮的麻醉藥物，如利他林和苯丙胺（俗稱安非他命），在該國已使用超過五十年，用來治療有行為障礙的兒童。在上個世紀九十年代，利他林的生產量增加了十倍，據估計，目前大約有 7% 至 10% 的美國兒童，大多數是男生，曾被處方利他林或其他中樞興奮劑。此外，在過去幾年間，愈來愈多成年人開始服用中樞興奮劑。於 2000 年至 2004 年這四年間，中樞興奮劑的銷售額由 759 萬美元上升至 31 億美元。[1]

大規模的製藥公司和美國國家精神健康研究所（簡稱

NIMH）一直推動這種發展，而組成 NIMH 這政府機構的一班精神病學家更毫無忌憚地推廣使用中樞興奮劑來治療多動症的兒童。

NIMH 的其中一個主要職責是分配資金給不同的研究項目。根據美國新聞及世界報道指出，「NIMH 的重點研究幾乎全部集中在腦部研究及情緒病的基因基礎，這個重新編排美國聯邦研究組合的決定，充滿科學及政治色彩」。[2]

一位美國精神病學家彼得・布利金（Peter Breggin）曾批評增加處方中樞興奮劑給美國兒童的做法，他指出當局撥數百萬美元的款項給有關中樞興奮劑的研究項目，幾乎把所有的金錢都給予利他林的倡導者，但並沒有任何人對此作出評論。

◀ 多動症是否一種大腦功能障礙？

在 1998 年，NIMH 安排了一個共識會議，會議的意義明顯是確認多動症是由基因決定的生物學疾病。在這次會議上，發表了一份關於一系列的腦掃描報告的文件，指出這些報告大都是展示多動症的生物學基礎，並在確診患有多動症的兒童的大腦某些區域發現到異常情況。但是，在大多數的這些研究中，確診患有多動症的兒童均已服用中樞興奮劑，而並沒有任何一個研究是針對患有多動症又沒有服用中樞興奮劑的兒童的。[3] 因此，正常兒童和多動症兒童在大腦發育

上的差異，有更大可能是服用藥物的負面結果。在利用猴子的臨床實驗之中，使用中樞興奮劑會導致腦損傷，這已是眾所周知的事實。

會議期間，還發表了多篇論文，強調使用中樞興奮劑的風險及副作用。

在聽取了一系列的講座及參考了多篇由科學家撰寫有關多動症研究的論文之後，會議小組開始有理由地懷疑使用中樞興奮劑對診斷多動症的有效性。最令 NIMH 的藥物倡導者失望的是，最終發佈給新聞界的一份會議共識草案的結論是「沒有數據顯示多動症是由於大腦功能失調所導致的」。

在 2000 年，美國兒科學會發出類似的聲明，指出腦部掃描和類似的研究「沒有顯示患有多動症的兒童跟對照組的兒童有可靠的差異」。[4]

◀ 1999 年的多動症多模式治療研究

中樞興奮劑在美國已經使用了超過五十年，而許多患病兒童也服用此藥超過五年以上，可是直到最近，仍沒有任何一項 NIMH 研究是關於長期服食中樞興奮劑對身體所構成的負面影響。

一份名為多動症多模式治療研究（簡稱 MTA 研究）的報告於 1999 年發表，此項研究主要追蹤一些服食中樞興奮劑長達一年的兒童患者。在此之前，一般同類型研究只會追

訪服藥數月的兒童患者。

這項首次開展的 MTA 研究，其中一位主要研究人員彼得·詹森教授（Professor Peter Jensen）就這項研究發表了以下聲明：

「我們進行了一個地球上有史以來最好的研究，它能幫助這些兒童、其家長及教師；它指出了什麼？藥物仍是治療這些兒童最有效的方法。」[5]

一位著名的英國兒童精神科醫生埃里克·泰勒（Eric Taylor）認為，MTA 研究最重要的結論是適當的藥物治療是優於其他的治療方法，這也表示需要處方藥物給患有多動症的兒童。

這個 MTA 研究報告對於製藥公司及提倡處方藥物給患者的精神病學家來說，無疑是一場漂亮的勝利。與此同時，這研究結果成為了兒童精神病學界的一種恥辱，引發愈來愈多兒童被標籤為患有多動症和服用中樞興奮劑的大災難。

這項研究結果被廣泛宣傳，並導致更多多動症的兒童在世界各地進一步被標籤及以中樞興奮劑來治療。在我曾經到訪教授韻律運動訓練的超過十多個國家和地區，我已聽聞很多有關自本世紀初愈來愈多兒童服食中樞興奮劑的報告。

◀ 最新的 MTA 研究（跟進前研究的三年後）

由同一研究團隊進行的MTA跟進研究報告於 2007 年出

版，這次研究的受訪對象是一群服藥已達三年的兒童。

　　這項研究的結果令研究團隊非常失望，其中一位主要研究人員威廉‧佩勒姆教授（Professor William Pelham）出席英國廣播公司的一個節目時說，患者經過三十六個月的藥物治療後，並沒有出現正面的效果，這結果跟研究團隊的預期是完全相反的。佩勒姆教授表示，從長遠的角度來看，沒有任何跡象顯示使用藥物比不採用治療優勝，他同時強調，這個資訊需要十分清楚地傳達給患病兒童的父母。[6]

　　佩勒姆教授指出，研究報告表明利用藥物治療兒童的嚴重問題：初時出現的良好治療效果會隨着孩子的成長完全消失。該報告亦指出，中樞興奮劑會阻礙兒童成長及影響大腦發育。

　　這項研究還表明，中樞興奮劑跟攻擊性行為和反社會行為，以及將來犯罪和濫用藥物的風險有關。參與研究的十一至十三歲兒童和對照組的兒童相比，他們更經常地使用酒精及非法藥物。該報告的結論是，在年幼時已開始濫用中樞興奮劑的話，需要較多的臨床跟進。[7]

　　佩勒姆教授在英國廣播公司節目裏指出：「我認為我們在首次的研究報告中誇大了藥物治療的正面效果。」

　　雖然這項新研究的結果在美國、英國及澳洲等地公佈，但瑞典的傳播媒介對該報告仍保持沉默，研究結果並沒有在世界各地的精神病學家及傳播媒介引起任何討論。醫學專業人員很少甚至從不承認錯誤；對使用中樞興奮劑的態度，精神病學家似乎表現得好像什麼也沒發生，或許他們是

等待着一個新的研究報告去反駁前一個研究；毫無疑問，製藥公司會運用他們的權力去做任何事情以製造出這樣的研究來。

中樞興奮劑已被證實會妨礙成長

如果負責MTA的研究人員做好本分，以及充分分析以往許多有關中樞興奮劑效果的研究，相信他們不會對研究結果顯得如此驚訝。在七十年代的研究已顯示中樞興奮劑會妨礙成長。

許多研究已證實中樞興奮劑會妨礙兒童整體的成長，主要原因是中樞興奮劑會抑制食慾，另一個暗中為害的原因是它們會擾亂生長激素的製造，挪威研究團隊在 1976 年的研究中亦得到有關證明。[8] 於 1986 年有一項類似的研究，研究對象是 24 名在兒童時期已服用中樞興奮劑以治療多動症的青年人，報告顯示有超過一半的個案出現大腦萎縮的情況。[9]

中樞興奮劑未能提高學習表現

儘管利他林的擁護者有其慣常的說法，但使用中樞興奮劑確不能改善兒童在學習上的表現。早在 1976 年的一個

雙盲研究已顯示，即使接受中樞興奮劑治療的兒童的行為被評為有改善，但跟對照組相比，他們在學習上的成績並未顯示出任何改善。

相反地，研究人員發現中樞興奮劑會抑制推動學習的渴求行為。在 1992 年，一名利他林的擁護者詹姆斯・斯旺森（James Swanson）和他的同事曾提出警告：「臨床上常用的劑量可能帶有毒性，損害認知能力的發展。」孩子們會變得孤僻、過度專注及行為像喪屍般。根據斯旺森的理論，損害認知能力的毒性是很普遍的，並會於約 40%的個案中出現，過度專注可能會降低而不是提高學習能力。[10]

◀ 濫用藥物的風險增加

早期的研究已證明使用中樞興奮劑會增加濫用藥物的風險。美國禁毒署（簡稱 DEA）曾多次就利他林的治療會導致濫用其他藥物的問題表示十分關注。在 1995 年，DEA 發表報告指出，「從最新的研究報告加上青少年濫用藥物的個案趨勢顯示，利他林可能是引致濫用藥物的一個危險因素」。[11]

在 1998 年，NIMH 舉辦的了一個共識會議，在會議上，柏克萊加州大學的娜丁・朗貝爾教授（Professor Nadine Lambert）提出了一份獨特的長期研究報告，內容是比較兩組多動症兒童日後會出現濫用藥物的風險。這項研究以一組

有服用興奮劑及另一組沒有接受藥物治療的兒童作比較。

　　她發現在兒童時期使用中樞興奮劑，與日後濫用藥物，有十分重要的相關性。在會議上，她強調為兒童處方興奮劑一年或以上與增加「終身服用可卡因和興奮劑」的發生是互相關連的。她的論文結論是，兒童使用興奮劑「明顯地容易導致日後出現吸煙習慣、於成年後每天吸煙、依賴可卡因，以及終身服用可卡因及興奮劑的情況」。[12]

　　事實上，只跟進服用興奮劑的兒童一年或更短的時間，是難以證明中樞興奮劑所產生的抑制生長或濫用藥物風險的不良效果。這些不良影響需要待多年後才變得明顯，許多兒童服食中樞興奮劑達五年至十年或更長時間，我們只可以推測這些兒童將來的情況。至今還沒有一項跟進超過三年的研究，甚至可能永遠都不會有，因為這些研究的結果相比最近公佈的 MTA 研究可能會對製藥公司更不利。

◀ 為何藥物治療的良好效果會於三年後完全消失？

　　如果負責MTA研究的人員有研究過中樞興奮劑對猴子影響的實驗，他們應該能夠預測到中樞興奮劑的「良性」效果會於幾年後消失。

　　根據一個利他林的倡導者的說法，多動症是由於前額葉皮質和基底節這兩個大腦區域的神經傳遞物質多巴胺分泌

不足而引致的。前額葉皮質是負責所有的決策功能，如專注力、判斷力、計劃事情及控制衝動的能力，而基底節主要負責控制我們能夠靜靜地坐着的能力。

中樞興奮劑的運作方式是使大腦內的神經元增加釋放多巴胺，並同時防止它們被前額葉皮質和基底節的突觸所攝取。因此，中樞興奮劑會增加這些領域的多巴胺，從而造成即時的臨床療效。多動症的孩子無時無刻都會跳來跳去及走來走去，對身邊的人造成嚴重的負擔，但當他們第一次服食中樞興奮劑後，便可以靜靜地坐着及專注於任何乏味的工作，這使許多老師和家長留下了深刻的印象。

但是這種效果是十分短暫的，並需要付出高昂的代價。藥物作用會增加多巴胺，但同時也會令多巴胺受體出現補償性的死亡，這效應遠比藥物的急速效果更為長久，隨後間接地令腦細胞死亡。[13]1997 年一個研究猴子的報告表明，持續地給猴子兩劑份量相對較少的安非他命（2 毫克/公斤，四小時一次），多巴胺的合成和濃度明顯地減少達三個月之久。其中一隻即使在八個月後仍表現出持續的功能障礙。[14]

如果兒童服用安非他命及其他中樞興奮劑的份量是在相同的基礎上，腦部受損的程度會跟動物實驗的結果相若。

根據 MTA 研究顯示，當孩子服用中樞興奮劑達一年以上至三年，藥物便失去了正面的作用，由於中樞興奮劑長遠會使製造多巴胺的神經細胞減少，以上結果也是合乎邏輯的。因此，中樞興奮劑的劑量必須增加才可產生同樣的效果，長遠而言，由於製造多巴胺的腦細胞嚴重流失，中樞興

奮劑便不會再起任何正面作用。

◀ 澳洲一項長期研究確認 MTA 研究的結果

2010 年初，西澳洲衛生署發表了一份關於使用興奮劑藥物治療多動症的研究報告，名為《Long Term Outcome Study》。[15]

該研究所使用的數據是當局對 131 名多動症患者追蹤二十年後而集成的，以這批有服用中樞興奮劑的患者與另一組沒有接受中樞興奮劑治療的患者作出比較。

研究發現，中樞興奮劑藥物治療會令血壓上升，對學術表現並無效果，也不能改善行為。對於那些採用藥物治療的病人，他們在課堂上的表現有十倍的可能性會低於平均水平。服藥對身體的生理影響會持續到成年期。

在一個澳洲電台的訪問節目中，此報告的共同作者路蘭道教授（Professor Lou Landau）對這些結果表示失望，因這些結果與很多已發表並獲相關行業贊助的短期研究報告有很大的矛盾。

此報告的結論是：「中樞興奮劑治療並不會對改善社交、情緒及學術表現有長期顯著的效用，建議應該進行一項特意設計及長久的研究，以便更瞭解以中樞興奮劑治療多動症在社交、情緒及學術上的長期效益。」

◀ 歐洲禁止處方專注達給成年人

2010 年，製藥公司「楊森」（Janssen-Cilag）提交可於歐洲為成年人處方專注達的申請。然而，當歐洲藥物評審局（EMEA）發現專注達對成年人是有害的，楊森製藥公司便取消了申請。相比安慰劑，專注達不見得更有效，更可能會引起嚴重的安全問題，例如濫藥傾向、侵略性行為、焦慮不安和抑鬱。

◀ 在瑞典的發展

在 2000 年至 2011 年期間，兒童被處方中樞興奮劑的數字增長了十倍，從 2000 年 2,000 名兒童增加至 2011 年的接近 25,000 名兒童，這是一個值得留意的發展。由於利他林備受歡迎而引起了廣泛的濫用，它於 1968 年被撤出市場。於七十至八十年代，醫生極少處方中樞興奮劑，只有在國家衛生委員會發出特殊許可證的情況下才可處方給兒童。

九十年代末期，醫生給兒童處方中樞興奮劑的數目開始大幅上升。一些著名的兒童精神病學家估計，大約有 10,000 名多動症兒童最終需要藥物治療。但在 2010 年，已經有超過 20,000 名多動症兒童接受了藥物治療。

◀ 瑞典國家衛生委員會建議使用中樞興奮劑

在 2004 年，瑞典國家衛生委員會出版了一本名為《Briefly about ADHD in Children and Adults》（《簡述兒童和成人的多動症》）的小冊子。[16]

委員會強調遺傳是多動症的成因，並寫道：「遺傳是基因主導，基因控制了負責於大腦神經元之間傳遞信息的神經傳遞物質，當這些物質於大腦的某些區域出現缺乏或不足的情況時，就可能會導致心理或認知功能的改變，繼而令孩子在控制他們的行為時出現問題，接着會引致出現多動症的典型症狀，如煩躁不安、專注力問題和衝動行為。」

這個有關多動症成因的聲明十分轟動：它並沒有任何科學依據，而且與 1998 年 NIMH 主辦的美國共識會議內發表的論文及該次會議的最終草案剛好相反。

委員會又建議使用中樞興奮劑來治療多動症，並強調這些藥物在大規模的研究之中如何有效改善多動症症狀，而且只有極少副作用。

委員會重申，從來沒有一種精神科藥物像中樞興奮劑一樣會被如此徹底地研究，並發表以下聲明：

「由於瑞典對多動症的認識正在快速增長，加上我們參與藥物治療的國際經驗，兒童使用中樞興奮劑的個案也跟其他國家一樣快速地增加。」

委員會讚揚中樞興奮劑可提升集中的能力和減少多動的情況，以及它們「似乎可以提高認知能力，如解決問題的

能力」。

　　關於上癮和濫用的危險性，國家委員會表示這樣的風險並不存在，並聲稱使用中樞興奮劑「應可減低將來濫用藥物的風險」。

　　委員會還報道了跟進研究，表示確診多動症的兒童的前景往往較為黯淡：「低劣的學術和專業成就，於成年時期經常出現嚴重的精神問題。」瑞典國家衛生委員會認為多動症是一個社會問題，因為它涉及許多患者，並嚴重影響他們的健康和發展，使他們長大後難以適應成年人的生活。

◀ 新的 MTA 研究反駁委員會的觀點

　　最近的 MTA 研究表明，服用中樞興奮劑三年並沒有正面的效果，簡單來說，服用它們根本並不較不接受治療為優勝。因此，認為中樞興奮劑是治療多動症的有效藥物必定是一個錯誤想法。

　　MTA 研究已顯示中樞興奮劑跟更具侵略性和反社會的行為是有關連的，並會增加使用者將來濫用藥物和犯罪的風險，這跟瑞典國家衛生委員會聲稱的風險遞減相距甚遠。

　　正因為這項發現，最近的 MTA 研究也確證，中樞興奮劑根本不能治療多動症，而服用中樞興奮劑藥物會「嚴重影響孩子的健康和發展，以及將來長大後適應一般成年人生活的可能性」。

委員會因此應該知道，服用超過三年中樞興奮劑也不能達到預期的效果，並應更正其以前的說法，就算經過多年的中樞興奮劑治療，其效用仍然是不清楚的。人們也自然期待委員會遵照 MTA 研究的其中一位首席研究人員的意見，讓家長們能清楚知道，從一個較長遠的角度來看，根本沒有任何證據表明服用藥物較沒有治療為優勝。

然而，委員會並沒有這樣做。在得知中樞興奮劑的效果的六年後，它仍然沒有對 MTA 研究作出任何評論，並且似乎可能永遠都不會這樣做。究竟這是什麼原因呢？

◀ 最近的MTA研究被掩蓋的原因

瑞典精神病學家和兒童精神科醫生一直都十分成功地說服政客提供資源，讓他們能夠確診多動症兒童和成年人，並處方中樞興奮劑作為治療。此外，心理學家和社會工作者已被聘用及接受了特殊的培訓，能夠協助醫生診斷誰人應該需要採用中樞興奮劑治療。初時，在瑞典的某些地方，對兒童處方中樞興奮劑還有一定阻力，但在傳播媒介和國家衛生委員會的聯合壓力下，藥物企業很快便能乘風破浪進入巔峰時期，建立一個滾雪球的效應：當有愈來愈多的孩子被診斷和接受治療，便需要更多的醫生、心理學家和社會工作者，結果會有更多的孩子被診斷。直到現在，仍有一大群的專業人士去為不斷增加的多動症患者進行診斷和治療。

　　考慮到這些情況，瑞典國家衛生委員會、醫生、心理學家或其他衛生工作者、政客，很明顯對揭示這些有關中樞興奮劑和多動症的事實真相均不會感到興趣。

　　瑞典國家衛生委員會和精神病專家自然不希望因為暴露自己的無能而失去自己的信譽。醫生和衛生工作者也想保護他們的工作和生活。政客也不希望被揭發沒有經過深入的研究而輕易接受信息，因此繼續營造一個騙局去浪費納稅人的金錢。

　　因此，瑞典的納稅人需要繼續支付這筆錢，而瑞典兒童會在沒有任何限制的情況下繼續服藥，從長遠來看又沒有得到任何正面的效果。但是毫無疑問，這些藥物會對兒童造成很大的傷害；在個別情況下，兒童更會延長繼續服用處方藥物的時間。

第二章

從另外一個角度去瞭解及治療注意力失調

◀ **正常幼兒也會出現多動症的行為表現**

透過研究我們的幼兒行為表現，便會很容易找到傳統以外的另一個角度去瞭解注意力失調的問題，以及如何跳出和糾正精神病學界及製藥公司所倡導的觀點。大約一歲的幼兒如果可以自由地移動，而不是被迫長時間坐在嬰兒座椅，他們的行為表現會跟患有多動症的兒童相類似，這是十分正常的。

他們會走來走去、爬來爬去和不能長時間靜坐不動。他們容易衝動和分心，很快便對他們所做的事情感到厭倦。他們會不聽從別人、不守規則及組織活動能力較低。他們對控制自己的情緒和脾氣也有一定的困難。

然而，一般正常兒童隨着年齡的增長，會自動地克服他們的注意力障礙和多動的表現，這跟被標籤患有多動症的年長兒童完全不同。正常發展的兒童跟多動症的兒童有何不同？當中究竟有什麼連專家也不知道的秘密，使正常兒童能

在成長的過程中戰勝他們的注意力問題？

　　究竟患有多動症的兒童是不是正如瑞典國家衛生委員會所說，是由於基因問題而導致大腦內的傳遞物質出現短缺，還是有其他更合理的解釋？

◀ 我們的「可塑腦」

　　英國著名的產科醫生和研究員羅伯特‧溫頓（Robert Winton）寫了一系列暢銷書籍，它們被製作成為受歡迎的電視節目，他在一本著作《The Human Mind》描述大腦本身有再生的能力，稱之為「可塑腦」（plastic brain）。

　　早在二十世紀四十年代，大腦的研究人員已發現神經元之間的溝通是雙向的。當大腦的一個神經細胞（神經元）從另一個神經元接收信號時，它會傳遞該信號到其他的神經元，同一時間亦會發送一個反饋信號到最初的神經細胞。

　　當這第一個過程完結後，第二個過程便會開始。透過生長新的神經突觸和增加神經傳遞物質，神經元之間的連接會以倍數增加，從而促進神經信號在新的模式中傳遞。

　　「這種大腦的學習模式和反饋意味着每一條大腦的神經連接都被告知及需要為這次的通訊作出貢獻……之後會建立新的神經連接及釋放出更多的神經傳遞物質。」[17]

◀ 嬰兒的大腦是未充分發育的

　　嬰兒的大腦是很不成熟的，新生兒的大腦在出生時只有腦幹功能，而大腦的其他部分只是使用了很少的程度。每個人在發展到有能力去運用整個大腦之前，大腦的神經細胞必須生長出分支，使神經細胞之間的網絡得以發展；此外，神經纖維也需要發展出一個有隔離作用的髓鞘。這種大腦成熟化的過程會貫穿整個童年，而出生後的第一年是奠定往後發展基礎的最關鍵時期。據估計，新生兒的大腦內每分鐘會產生超過四百萬條新的神經細胞分支。

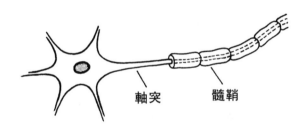

軸突　　　髓鞘

圖一：神經細胞與軸突及髓鞘

　　這個過程是不會自動發生的，大腦需要不同的感官刺激使神經元增加分支及產生髓鞘化，尤其是來自前庭覺、觸覺及運動覺的感官刺激。嬰兒從父母的撫摸及搖動和不斷自我重複嬰兒韻律動作而得到這些刺激，這種特定及有次序的運動模式的發展是與生俱來並且因人而異的，轉身、肚皮着地爬行、雙手和膝部的律動及爬行等動作，都是於發展中的

一些重要的里程碑。在出生後的第一年，從這些嬰兒韻律動作得到對大腦的刺激，奠定日後大腦發展和逐漸成熟的基礎。

這些嬰兒運動會刺激大腦的神經連接及突觸數量增加，其他的大腦部分便會同時開始在新的神經模式中履行其職責。即使神經細胞並沒有得到直接的刺激，這過程也會自動地持續在大腦發生；同時，那些舊有行為模式的神經連接在不需要時也會相應被刪除。

如果孩子沒有得到足夠的感官刺激，便會造成大腦發育遲緩和受損，這種遲緩的發展可能會造成注意力障礙，不論有否出現過度活躍的情況。

◀ 三合一的大腦

美國科學家保羅・麥克林專門研究爬蟲類、哺乳動物及人類的大腦發展，根據他的理論，人類的大腦共有三個圍繞着腦幹的層次，這三個層次包括：爬蟲腦、哺乳動物大腦及新皮質。神經底盤包括腦幹和脊髓，大腦的這三個層次好像洋葱一樣包圍着腦幹。[18]

根據麥克林的理論，神經底盤好比一架沒有司機的行駛中的車輛，而包圍着腦幹的三個層次好比三個指揮操作員，各自有智慧、記憶及其他功能。

腦幹的旁邊是爬蟲腦，該部分可對應爬蟲類新開發的

大腦部分。在人類中，爬蟲腦又稱為基底節。它其中的一個任務是控制我們的姿勢反射，即是我們的站立和走路的能力，並保持我們的平衡。

爬蟲腦也必須抑制原始反射，這是一種與生俱來及公式化的運動模式，由腦幹所控制。原始反射建立胎兒及新生兒的動作，並且需要轉化成為終身的姿勢反射，使孩子可以有能力走路和保持平衡。基底節的功用是調節孩子的活動水平，並讓孩子能夠安坐下來。

爬蟲腦以外是哺乳動物大腦，或稱邊緣系統，它負責控制我們的情緒、記憶、學習和玩耍等各種事項。

最外層的是新皮質或人類大腦。感覺器官傳來的信號必須到達新皮質，並在那裏進行處理，讓我們知道身邊發生的事及能夠有意識地回應。新皮質的最前端部分為前額葉皮質，負責我們的最高階思考，如判斷力、注意力、創造力和控制衝動能力等。它於我們的判斷力、注意力、主動性和控制衝動情緒能力等，擔當着一個非常關鍵的角色。

◀ 大腦需要透過嬰兒韻律運動才能得到整合

當我們出生時，大腦的所有部分已經齊備，但還未能正常運作。為了讓大腦不同部分能共同以單一個體運作，它們需要被開發和彼此連接起來。這個過程是需要透過嬰兒韻律運動來激活，使大腦內的神經細胞增生，開發出新的神經

元分支和使神經纖維髓鞘化。

　　嬰兒需要有足夠的肌張力才可以四處移動，刺激大腦各個部分連接起來。而要建立足夠的肌張力，嬰兒必須被擁抱、接觸、搖晃和可以自由地走動，使刺激觸覺、平衡覺和運動覺的感覺器官傳遞信號至腦幹，從而調節肌張力。如果嬰兒沒有得到足夠的感官刺激，伸肌的肌張力便會較低[19]，這會使嬰兒難以抬起頭部和胸部及四處走動，繼而進一步減少了從前庭覺、觸覺及運動覺得到的刺激，形成一個惡性循環。

　　當嬰兒不能夠自由走動，經腦幹內的網狀激活系統（簡稱 RAS）傳達給新皮質的刺激只會很少，而該系統的功用是喚醒新皮質。當對新皮質的喚醒不足時，孩子會變得遲鈍和對外來的感知信號無法作出反應，此外，新皮質內的神經細胞和神經網絡將無法正常運作。

　　小腦在連接大腦內各部分及專注力的發展上也擔當着十分重要的角色。小腦的工作是負責讓我們能有韻律地、協調地和流暢地進行運動動作。小腦有着重要的神經，連接至前額葉皮質及大腦左半球額葉內的言語區域。

　　在出生時，小腦是未完全發育的，它大約在出生後半年開始迅速成長。嬰兒韻律運動可幫助小腦內的神經網絡和神經細胞發展，以及跟額葉連接，這解釋了為何嬰兒韻律運動對大腦皮質的連接及專注力和語言能力的發展十分重要。

◀ 為什麼嬰兒難以安坐和不專心？

事實上，嬰兒的大腦神經網絡尚未發育，而且大腦的不同層次尚未連接，因此嬰兒的行為表現並不像「小成年人」。嬰兒不能保持他們的注意力及專注於一件事情上，也不能控制他們的衝動情緒，原因是他們的新皮質尤其是額葉的神經網絡的發育未完成。

嬰兒在調節自己的活動水平上會出現困難，正常在十至十二個月大之前，他們會終日四處爬動及難於安坐。基底節的任務之一是調節活動水平，由於基底節尚未適當地發育及未與大腦其他的層次連接，大部分正常的嬰兒在這時期也是過度活躍的。

另一方面，嬰兒如果因肌張力低或其他因素而使他們不能進行足夠的運動，新皮質及額葉便只能得到十分小的刺激，因而導致遲鈍、活動不足及發育遲緩等。

◀ 幼兒與患有多動症的兒童的相似之處

前文已提及，幼兒和被確診為多動症的兒童有很多共通的特點，在這兩個群組，都有很多跡象顯示其基底節功能失調，例如調節活動水平出現困難、有未整合的原始反射和出現保持平衡的問題等。

有注意力問題的兒童，他們很多時也無法有韻律地及

流暢地進行簡單的運動，這表示小腦的神經網絡沒有得到應有的發展。由於小腦對於額葉的正常運作扮演着十分關鍵的角色，小腦功能失調是注意力問題及情緒衝動背後的一個重要因素。

許多多動症兒童出現肌張力低及背部彎起的情況，這會導致呼吸短淺及新皮質喚醒不足。這些孩子的行為表現會於過動與被動之間來回交替，而過動的表現是他們一種刺激新皮質的方法。

◀ 注意力失調是大腦延遲成熟的結果？

正如前文所說，專家一般認為多動症是由基因引起的，另一個解釋是，症狀的出現是由於大腦成熟化的過程受到延遲或阻礙，基於某些原因，孩子的大腦沒有得到足夠的刺激，使神經元無法生長出新的分支及建立新的突觸，而缺乏刺激也可能妨礙神經纖維外圍的髓鞘的形成，如果髓鞘化的過程不足，神經信號的傳送速度也會受到影響，總括以上的情況，這會阻礙大腦各部分的發展及連結，妨礙了大腦整體的發揮。因此，一切阻礙孩子的運動發展及防止他作任何運動的事情，都會妨礙大腦的發育。

很多情況如早產、在分娩過程中造成腦創傷、遺傳因素、接種疫苗、電磁場及手機發出的電磁波、食物不耐受、中毒或疾病等，都有可能影響孩子的運動發展。這些因素可

能會導致嬰兒跳過了一些運動發展的重要步驟，妨礙了他們的運動發展及其大腦的成熟化過程。

　　孩子缺乏從至親得到感官刺激、常被單獨留下在缺乏觸覺或前庭覺刺激的環境，以及被迫長時間坐在學步車或車輛座椅而缺乏在地上自由活動的時間，都會妨礙大腦正常的發育。

◀ 韻律運動訓練

　　正如前文提及，嬰兒和患有多動症的兒童兩者在行為上及大腦成熟的程度上有很多相似之處，有人因此會問，如果患有多動症或注意力缺乏症（簡稱 ADD）的兒童進行仿效嬰兒自發性的韻律運動，他們的情況會否有改善？事實上，這種運動訓練在瑞典已使用了超過二十五年。

　　韻律運動訓練是克斯廷‧林德開創的，此訓練是建基於嬰兒自然地發展出來的韻律性動作。這些運動需要每天進行十至十五分鐘才會達到效果。運動包括躺臥、維持特定坐姿或利用雙手及雙腳進行。

　　訓練時，受訓者會進行自動式或被動式的全身韻律運動。被動式的運動是，受訓者於仰臥姿勢從雙腳，或以胎兒姿勢從臀部向頭部方向有韻律地推動自己的身體；此外，在受訓者面部朝地俯臥時，也可以有韻律地左右搖擺他的臀部，又或是於仰臥時，雙腳被動地作扇形擺動，使雙腳的大

腳趾在身體中線觸碰。

除了被動式的運動外，這些動作也可以以自動式進行。在仰臥時，受訓者雙膝彎曲及由雙腳帶動作出有韻律的全身律動，又或是雙腳分別地左右來回擺動，使雙腳的大腳趾在中線位置觸碰；此外，在俯臥時，他可以左右擺動自己的臀部，從一側擺向另一側。其他自動式的運動包括跪坐式律動身體及爬行。

不論是自動式或被動式的動作，都是十分適合任何人的。這些運動最理想是可以精確地進行，但對於有嚴重殘疾的人而言，這當然是不可能的，如此則可以訂立一個長期目標，以教導他們把運動進行得愈來愈精確。

這些運動會給幾種不同的感官帶來強烈的刺激。頭部的運動會刺激前庭覺，從雙腳或臀部沿脊柱有韻律地推動會刺激關節和內臟器官的本體覺，而身體和地板之間的摩擦會刺激皮膚的觸覺。

◀ 韻律運動對行為的影響

韻律運動帶來的感官刺激會激發腦幹、小腦、基底節和新皮質的發展，從而使注意力和專注力得以提升，以及減少過度活躍和衝動的表現。

韻律運動也會改善伸肌的肌張力，使背部拉直及頭部保持端直，身體姿勢、呼吸和忍耐力亦得以改善，得到的刺

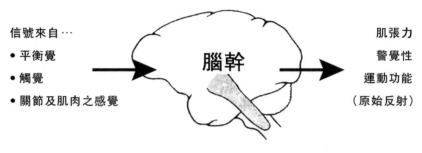

信號來自⋯
● 平衡覺
● 觸覺
● 關節及肌肉之感覺

腦幹

肌張力
警覺性
運動功能
（原始反射）

圖二：韻律運動對行為的影響

激會通過腦幹喚醒新皮質，從而提升注意力和集中力。

　　韻律運動訓練會刺激小腦和前額葉皮質，以及它們之間的神經路徑，從而提高注意力、集中力及減少衝動行為。

　　韻律運動訓練也可刺激基底節的發展及幫助整合原始反射，這將有利於孩子發展調節其活動水平的能力，使他能安坐下來。

◀ 韻律於韻律運動訓練的重要性

　　自發性的嬰兒韻律運動能刺激、組織和開發嬰兒的大腦，過程會透過感官的神經信號和微弱的電磁頻率進行。

　　根據細胞生物學家詹姆斯・奧斯曼（James Oshman）的理論，身體是一個活生生的線路網，當中身體的不同部分，從皮膚到細胞核，皆是彼此互相聯繫着的。身體不同部分之間的信息傳遞，不僅透過神經信號，也會透過不同頻率的電磁衝動。

　　韻律運動從前庭覺、觸覺和本體覺對大腦產生間歇和不斷變化的刺激，在這過程中，神經信號是由神經傳遞物質如多巴胺、谷氨酸和 γ-氨基丁酸（簡稱 GABA）所傳遞的，這種不斷變化和振動的刺激比連續性的刺激更為有效，因為連續性或相似的信號會減低大腦對此刺激的反應，即是我們所謂的「習慣化」。

　　遍及整個線路網的信息也透過不同種類的能量來傳遞。能量基本上是振動，以光或電磁能量、聲音、化學或機械性彈性能量的形態出現。許多重要的肌肉和骨骼分子是螺旋形的，這使它們更有彈性和有良好的共振特性。當進行韻律運動時，身體出現振動，產生的微弱電磁場會把信息傳遞給身體各個部分，尤其是神經系統和大腦。

如何開發一套訓練方案？

　　為了知道孩子需要進行甚麼運動，你必須要瞭解孩子面對的問題。最好的方法是透過會面，例如使用「**布隆貝格韻律運動訓練**」課程手冊中的問卷，深入瞭解他的病歷和他認為最受影響的問題。會面時最好可以觀察孩子的運動能力，了解他能否進行簡單的韻律運動，以及進行原始反射的評估——這是十分重要的。簡單的視覺測試可就學習問題提供寶貴的資料。透過面談和各種測試，基本上可知道孩子有哪些方面需要改善。

　　出現多動症症狀或學習困難的兒童一般都殘留未完全整合的原始反射，可是他們未必會有明顯的運動問題，有時他們甚至有良好的運動能力，在運動及體育上有良好的表現。有注意力問題的兒童則經常出現更顯著突出的運動問題如低肌張力、不良姿勢及不能進行簡單的韻律運動。

　　若要為兒童度身訂做個人的韻律運動訓練，需要進行面談和運動評估。但基本上，兒童剛開始韻律運動訓練時不可進行超過十分鐘，每星期最少做五次。當發現兒童的運動能力有所改善及反射已得到整合時，便需要調節進行的方案。在原始反射得到整合及簡單運動的韻律有所改善的同時，孩子的注意力、控制衝動及安坐的能力等將會得到改善。在大部分的個案中，都需要一年或更長的時間使所有症狀永久消失。如果練習的時間不足夠，便沒有充分時間去鞏固新的大腦神經路徑，繼而一些症狀便會再次出現。

　　很多有原始反射殘留的成年人或兒童，從來沒有出現任何注意力和學習的問題。不過，他們可能會出現其他問題，如視覺問題、運動問題、情緒問題或肌肉和關節的痛症等。

案例報告：安娜

　　這個案例報告說明韻律運動訓練對注意力失調的正面影響，以及它如何改善注意力，並減少衝動和多動的

表現。

　　安娜十歲時開始進行韻律運動訓練。她除了小肌肉運動發展不理想外，其他的運動發展是正常的。嬰兒時她有用雙手和膝部爬行，大約在一歲時開始走路。她有很嚴重的注意力問題及不可安坐，容易分心和沒有毅力。閱讀和書寫方面發展正常，但數學就表現較差。在數學課堂時有助理協助她，如果助理缺席，她便會在課室內跑來跑去及騷擾其他學生。

　　安娜表現得十分衝動，並不能專心聽從老師的指令，體育課是她特別不想參與的課堂。她的足踝十分脆弱及容易扭傷。她有嚴重的小肌肉運動問題，尤其是綁鞋帶及扣鈕扣。此外，她書寫的字體十分難看。

　　安娜也有情緒問題。她害怕黑暗，在晚上，她會特別容易表現焦慮和擔心。與同伴相處也出現嚴重困難。班裏的女生經常嘲弄她，她會跑掉和躲起來。

　　在第一次會面時，我測試她的原始反射，大部分也是未整合的。她的脊柱格蘭特反射（spinal Galant reflex）是特別活躍的，這解釋了她為何不能安坐着和不能穿著較緊的衣服。她的擁抱反射（moro reflex）也十分活躍，使她對聲音和觸覺過敏及出現情緒問題。

　　她的張口反射（Babkin reflex）和抓握反射（grasp reflex）也未整合，所以影響她的小肌肉運動能力。

安娜的訓練

安娜每個月來見我一次，並維持了超過一年多的時間，她每天都會進行韻律運動十至十五分鐘，每次見面時，我都會教她一些新的動作，她會持續進行某些韻律運動。她的助手會作出糾正使她做出確切的動作，同時，她經常得到母親的幫助進行一些特殊的反射整合練習。

四個月後，她的母親察覺到她的反叛行為和壞脾氣比以前多了。五個月後，這些症狀已經減少，她表現得更加自信，她可以更集中精神上課，功課包括數學也有進步，再過數星期，她已可趕上其他同學的數學進度。此外，她開始喜歡上體育課，最喜歡跳遠和跳高。

半年後，過了暑假，她轉到另一所學校就讀，她的母親覺得她已沒有問題。最終她可以集中精神上課而不需要任何助理，她與同伴的社交關係大大改善，不再被人嘲笑。她的足踝已經變得更強壯，還開始足球訓練。她的小肌肉運動能力也大大提升。

經過一年多的運動訓練，她不再害怕黑暗，她對聲音和觸覺不再過敏，而且不容易分心。安坐不動或穿著較緊的衣服不再是問題。雖然扣鈕扣仍然有一些問題，但是她的小肌肉運動能力已大有改善。最可喜是她已沒有專注力的困難，並且表現出良好的耐性。

第三章

兩種不同的角度來看 有障礙的孩子

◀ 疾病和其成因是一種文化現象

官方的科學專家，無論他們是醫生、心理學家或讀寫障礙症的研究人員，都習慣標籤患有特定疾病或功能障礙的兒童，如多動症、注意力缺乏症、自閉症和讀寫障礙症等。這樣的診斷可被視為是社會建構和文化現象，醫生和其他專家其實只是負責確診和治療一些由不同的主觀症狀匯集一起而形成的疾病。

要成功地治療已確診的疾病，最有效的方法是瞭解它的成因。當醫學專家識別了一種疾病的特徵之後（這看似是比較容易的部分），他們便開始尋找原因。大體上說，使用科學藥物一般是用來尋找各種疾病的成因，藉以判斷如何診斷，尤其是發現了細菌及傳染病之後，這種做法更被推崇備至。然而，在不同的時代，有着不同種類的致病成因。細菌被發現為疾病的成因後，病毒繼而流行，成為許多疾病的元兇；直至今日，遺傳基因成為醫學界時尚流行的病因。很

明顯，不單診斷，疾病和功能障礙的成因本身也是一種文化現象，這種現象在精神病領域的發展可見端倪。

◀ 精神病學醫學模式於八十及九十年代的勝利

在二十世紀六十年代，我正在接受醫生的專業訓練，當時心理和情緒因素普遍被認定為與精神病的成因有關，精神病學家因為一向認同「心智」只是物理過程中的一種效應這一個傳統西方醫學的觀點，因此受到排擠。精神健康範疇一直是由心理學家、社會工作者、心理輔導員、家庭治療師及其他非精神科醫生等所主導。直至二十世紀八十年代初期，美國精神病學界協會決定與藥品公司建立合作伙伴關係，使精神病學界能夠從藥品公司獲得資金，以推動醫學模式、精神病藥理學的發展和提升精神病學的權威性及影響力。[20] 就算不是為了病患者，至少對於精神科醫生和製藥公司來說，這是一個十分成功的策略。

這個情況，不僅在美國發生，在世界各地也十分盛行。在瑞典，著名的精神病學家在推動醫學模式及藥物治療的發展都十分成功，尤其是用於治療兒童的行為症狀。在某程度上來看，瑞典的兒童精神病學家就其專業範疇之醫學模式的推廣，似乎已經處於領先地位。雖然至今美國的兒科醫生和兒童精神病學家還沒有取得共識，確定多動症是因為腦部出現功能障礙而造成，但瑞典國家衛生局卻大膽地指出，

多動症的典型症狀，如煩躁不安、注意力問題和行為衝動，都是由於基因問題導致某種神經傳遞物質不足而引致的。此外，瑞典的精神病學家已成功地將此醫學模式帶到心理學及社會福利界的層面，瑞典的心理學家和社會工作者也跟隨着他們，對兒童作出標籤及使用精神藥物來治療。

◀ 種族生物學和遺傳學於瑞典鮮為人知的關係

　　瑞典精神病學家以基因模型來解釋多動症的成因似乎有點奇怪，不過，我相信他們對基因模型的熱衷和完全沒有質疑的態度，是和過去瑞典的歷史和文化背景有關的。

　　在二十世紀三十年代至四十年代初期，種族生物學在瑞典及其他國家是普遍被接受的觀念。當時的政治家資助了一所位於瑞典烏普薩拉市內的種族生物學研究所，負責研究和記錄瑞典不同的種族群體。通過量度位於瑞典北部的拉普蘭和芬蘭籍的薩米人的頭骨和拍攝其裸露的身軀，研究人員認為他們能夠以科學理論去證明亞利安人這民族在種族上佔有優勢。很多住在拉普蘭的薩米人還歷歷在目，他們在兒童時期如何在非自願的情況下被迫參與研究。他們亦很清楚，如果第二次世界大戰時納粹分子獲得最終勝利，他們許多人將會被帶去集中營而遭到滅絕，現在他們倖免於難，卻已受了驚恐和羞辱。

　　第二次世界大戰之後，種族生物學變成過時的產物，

而在烏普薩拉市的種族生物學研究所也不可繼續其研究。可是，它靜悄悄地與醫學院的遺傳學系合併，並且仍然保留了之前的研究材料。在六十年代，當我正在烏普薩拉修讀遺傳學時，這學系的歷史常常引起學生之間的討論，但當然從來沒有人會向教授提出。隨後的幾年，並沒有任何醫生和遺傳學家曾有意識地處理種族生物學的課題，亦沒有歷史學家和社會學家為這課題進行充分的研究。跟澳洲土著居民不同的是，瑞典北部的拉普蘭和芬蘭籍的薩米人仍然在等待國家對他們的種族歧視和待遇正式作出道歉。

我認為，這種一直未有妥善處理的種族主義意識形態，仍然影響着瑞典醫學界和瑞典社會的多個領域的取態及行為。他們毫無質疑地認為多動症是遺傳基因缺少了主宰大腦某種神經傳遞物質所引致的，這就是最明顯的例子。醫學界欣然地使用中樞興奮劑這種會使人上癮及嚴重危害身體的藥物去治療被確診的兒童，政客和傳播媒介也十分樂意地支持這做法。前文已說明，認為多動症是基因缺少了主宰大腦的某種傳遞物質所引致的想法，跟瑞典拉普蘭和芬蘭籍的薩米人是天生劣等的想法，都是沒有科學根據的，而事實上，這些理論與很多事實真相是互相矛盾的。

◀ 八成確診多動症的瑞典兒童皆來自低層社會群體

　　在瑞典哥德堡，一位兒童精神病學教授克里斯托弗·吉爾伯（Christoffer Gillberg）曾經研究過一群被標籤患有多動症的兒童，他是其中一位積極提倡多動症是由遺傳基因主導造成的生理障礙的專家。當社會學家伊娃（Eva Kärve）分析他的研究資料時，發現 10 名被標籤患有多動症的兒童當中，有 8 名是來自基層社會群體，這連她也感到十分驚訝，但卻欠缺明顯的事例去解釋此結果。一些相信多動症是由遺傳基因主導造成的科學家認為，這研究結果的明顯結論是，與高層社會群體相比，基層社會群體天生有較高的多動症患病率；換句話說，科學家的觀點支持「基層社會群體是天生劣等的」這說法。然而，這個說法在瑞典不單是政治不正確的，也不被科學界所接受，所以國家衛生局也沒有宣諸於眾。另一方面，如果多動症的遺傳傾向在社會不同的群體內都是一樣的話（這是一個普遍接受的概念），那麼 10 名患有多動症的兒童中有 8 名來自基層社會群體是不可能的，因此這個研究結果駁斥了多動症是由遺傳基因主導造成生理障礙的想法。吉爾伯教授的研究結果帶出，社會和環境因素可能會是多動症的病因。

　　然而，如果大部分的科學家都認為基層社會群組會在遺傳基因上傾向患有多動症，那麼吉爾伯的研究成果就不單止為以上說法，也為「多動症是由遺傳基因所決定」的想法

提供有力的科學證據。

◀ 使用中樞興奮劑來治療兒童是一種侵害

　　瑞典的政治家和醫學界組織，診斷及治療患有多動症的兒童的效率及徹底性，似乎並不遜色於種族生物學研究所組織量度瑞典拉普蘭和芬蘭籍的薩米人的頭骨。如果這件事的目的和後果並沒有帶來那麼大的破壞性，更加會令人讚賞。

　　就像二十世紀三十年代的拉普蘭和芬蘭籍兒童被強迫量度頭骨一樣，被診斷患有多動症的兒童在這個問題上也沒有發言權。不論他們需要與否，都會被處方中樞興奮劑，他們由最初反抗藥物變成之後願意言聽計從。

　　跟三十及四十年代的拉普蘭和芬蘭籍兒童不同，患有多動症的兒童並沒有受到滅絕的威脅，然而他們的腦細胞卻受到影響。如前所述，很多在猴子的研究已證明，相對低劑量的中樞興奮劑已會造成腦細胞的破壞和永久性的腦部損傷，尤其是在額葉和基底節。當中樞興奮劑使突觸受到多巴胺過度刺激時，便會導致該突觸永久死亡及相應大腦部位的功能受損。如果治療兒童時所使用的安非他命的份量是在毫克/公斤的基礎上，根據以往的科學報告，腦部受損的程度會跟動物實驗的結果相若。

◀ 使用中樞興奮劑是以犧牲孩子為代價，使他們變得容易受控制

　　推動使用中樞興奮劑的機構，如瑞典國家衛生局，只強調這些藥物如何使患有多動症的兒童更能發揮自己和促進與其他孩子的交往。但其實服用中樞興奮劑的兒童實際出現的反應卻是另一回事。他們會變得更願意服從要求，尤其是在學校中進行一些乏味和重複的工作時。此外，他們的自發性及好奇心會降低，而且不願意主動和其他同伴交往。

　　許多動物實驗研究中樞興奮劑和使用該藥物的反應，結果顯示動物跟兒童出現的反應有極為相似之處。彼得·布利金在美國國家精神健康研究所（NIMH）會議上就這些研究結果作出以下總結：

* 首先，中樞興奮劑抑制正常的自發性或自我規範的行為，包括好奇心、社交和遊戲。
* 第二，中樞興奮劑促進公式化、強迫性和過度集中的行為，這些行為往往是重複而毫無意義的。[21]

　　就算這些藥物有助減低孩子與周圍環境的衝突，從而促進他們與其他人的交往，人們不得不質疑這是否真的意味着孩子們的能力有所改善，還是他們的行為變成這樣更加值得關注？孩子家長是否更需要仔細考慮使用藥物的後果？

　　在美國，一個律師聯盟對諾華集團（利他林的製造商）和美國精神病協會進行了一連串的集體訴訟。其中一名律師

引用彼得‧布利金的書《Talking back to Ritalin》的內容：「我撫心自問，製藥業能否把賺取的大筆金錢去左右對中樞興奮劑的研究，情況和當年煙草業的行為一樣？許多煙草行業的推廣和銷售產品的方式是針對兒童的心智，我開始懷疑，我們脆弱的兒童，會否又再次成為企業巨大盈利的目標？最終中樞興奮劑會摧毀童年。它們以犧牲孩子的本意為代價使他們變得容易受控制。」

◀ 中樞興奮劑的副作用

根據中樞興奮劑的推廣者，如瑞典國家衛生局所說，這些藥物的副作用相對較少，然而，這與事實相差甚遠。

從布利金的調查中，中樞興奮劑的副作用是嚴重和極為常見，而並不是微不足道的。幾個研究都顯示使用者有超過五成以上機會出現副作用，最常見的副作用包括有：食慾不振、嗜睡、逃避、對身邊的事物失去興趣及抑鬱等。一項研究訪問了 41 名四至六歲的兒童，結果是當中 75% 患有食慾不振、62% 出現嗜睡和 62% 對身邊的事物失去興趣。另一項研究訪問了 83 名年紀稍長的兒童，結果是當中 45% 會出現逃避、悲傷或哭泣的情況。

強迫症也是十分普遍的副作用，患者會如同不節制地或強迫地重複進行同一個簡單的行為或活動，如無休止地玩電腦遊戲。一項研究訪問了 45 名兒童，結果是當中 51% 出

現了強迫症，而且在某些個案中是非常嚴重的。曾經有一個個案，該孩子十分痴迷地拾樹葉，他會耐心等待每一片從樹上掉下來的樹葉。另一個個案是連續三十六小時不眠不休地玩樂高積木。[22]

另一個研究的結果顯示，在服用了一次中樞興奮劑之後，42% 的兒童出現了強迫症的症狀，當安排了一項工作給孩子之後，他們有時會無法停止執行。

痙攣及運動障礙亦是常見的副作用。一項訪問了 45 名兒童的研究顯示，當中 58% 出現痙攣及異常運動。另一項訪問了 122 名兒童的研究亦顯示，當中 9% 出現痙攣及異常運動，其中有一個個案，該孩子無法再康復，並出現不可挽救的綜合症狀，包括：面部痙攣、不斷轉動頭部、咂嘴、擦拭額頭及大聲呼叫。[23]

一項 1999 年的加拿大研究可以證明，98 名兒童經中樞興奮劑治療後，當中至少有 9%（或可能有更高的比率）出現精神病症狀。

早有研究表明，中樞興奮劑會減少大腦的血液循環、破壞血管及引致大量出血。謝斐（Jaffe）在一本精神病學教科書中寫道：「在猴子的研究中，長期服用安非他命的惡性後果包括腦血管受破壞、腦細胞死亡和微出血等。」[24]

直到最近，多宗正在接受治療的患者出現血壓上升、中風和突發性心臟死亡的情況。這些個案相繼發生後，中樞興奮劑於兒童及成年人出現的副作用才備受關注。在 2005 年，一種名為 Addrell 的中樞興奮劑在造成 20 宗突然死亡和

12 宗中風個案後被命令撤出市場。[25] 2006 年 2 月，據路透社報道，51 名服用中樞興奮劑的患者突然死亡，這促使美國食品藥品監督管理局（FDA）強烈建議處方該藥物時要倍加注意引致心臟病及高血壓的風險。另外有報道指出，30名服用利他林的患者亦出現死亡個案。

◀ 斯德瑞

斯德瑞（Strattera）由美國製藥公司「禮來」所生產，此藥原是一種抗抑鬱藥，其後發現它對抑鬱症並沒作用；到 2002 年時，以治療多動症的作用再推出市場。它是一種不會造成上癮的藥物。然而，它的效果仍是存疑的，而其副作用是令人震驚的。一項瑞典研究訪問了 100 名使用斯德瑞作治療的兒童，結果發現他們服藥後並沒有任何正面的效果。可是，許多服用該藥物的兒童抱怨有一種或幾種負面的副作用，胃痛、頭痛、疲倦、食慾不振和噁心是最常見的，約 40% 會出現以上情況。大約有 10% 兒童會出現心理方面的副作用，如煩惱和抑鬱等。[26]

早在 2005 年，禮來製藥公司已收到 10,998 宗有關精神病反應的報告。[27] 同年，歐洲藥物管理局曾提出有關斯德瑞的警告，指該藥物會令兒童出現敵意行為及情緒不穩定。而國際間的機構也曾提出警告，指出此藥會增加使用者出現自殺傾向的風險。

2006 年，美國食品藥品監督管理局就所有負面心理影響的報告進行了一項調查，在 992 宗暴力行為及 360 宗精神病的個案中，有九成以上患者在服藥以前並沒有出現過類似的行為和症狀[28]，值得留意的是，最多只有 10% 負面藥物反應記錄在案。

此外，就 2004 年至 2007 年期間匯報給美國食品藥品監督管理局的死亡個案，該局亦進行了一項新的調查。該調查顯示，31 名兒童及青少年在進行斯德瑞的治療期間於美國死亡，當中有 19 人是自殺身亡的。此外，有 6 名兒童及青少年在歐洲死亡。在同一時期，美國及歐洲共有 37 名成年人死亡，當中有 17 人是自殺身亡的。三年內共有 78 名服用斯德瑞的病人死亡。

◀ 儘管出現嚴重的副作用但仍然增加處方

中樞興奮劑並不是唯一一種藥物會產生嚴重及危害生命的副作用和導致許多患者死亡。這些藥物的副作用是十分普遍的，在愈來愈多病人相信服用藥物後能生存的情況下，醫學界亦容許此等副作用出現。此外，如果藥物能延長病患者的壽命，若干的死亡率是被認為可以容許的。

可是，最熱衷於推動使用中樞興奮劑的單位也沒有提出多動症是會危及生命或縮短受影響兒童的壽命。因此，那些推動者，像瑞典國家衛生局，便被迫淡化藥物副作用的嚴

重性，並斷言這些都是相對地不重要的。還有，他們必須假裝對所有指出相反結果的研究報告毫不知情。

他們不得不承認一個由 2007 年起展開的 MTA 研究的結果，正如前文提到，此項研究對一群以中樞興奮劑作治療的兒童進行隨訪，結果顯示，經過三十六個月的治療後，藥物都沒有產生正面的效果。此結果引證了服用中樞興奮劑的效果跟推動者的預期完全相反，並且顯示中樞興奮劑跟攻擊性和反社會行為，以及增加將來犯罪及濫用藥物的風險有所關連。

正如前文所引述，此 MTA 研究的結果在 2010 年澳洲的長期研究中獲得證實，該項研究隨訪了 131 名服用中樞興奮劑的兒童，研究結果顯示，中樞興奮劑並沒有提升學術表現及改善行為。更甚的是，他們的血壓顯著上升，服用中樞興奮劑的兒童被視為低成就及未達標的可能性較其他同齡者高十倍。

儘管這些研究報告對中樞興奮劑有極多負面批評，在瑞典，中樞興奮劑的處方卻繼續升級，製藥公司的利潤固然不斷提升，藥物對患病兒童的傷害也相應增加。

同時，這些藥物愈來愈受到老師及家長歡迎，因為它們有「魔法」一樣的「神奇」效果，能夠在短時間內使孩子變得更加順從和促進孩子與他人的社交互動。老師們發現，這些藥物能使他們有效控制班房的混亂情況，使得更容易進行教學，最令人高興的莫過於孩子變得言聽計從。

當然，老師們會發覺這些孩子變得較為缺乏自發性和

好奇心，甚至在社交上有退縮表現，不願跟其他孩子一起玩耍。曾有一位老師對這些兒童作以下評語：「倉鼠常玩的輪子是在轉動的，但你會發現其實裏面的倉鼠已死亡。」即使老師們發覺中樞興奮劑這些負面的影響，但為了方便進行教學，他們往往把它們當作要付出的代價。

　　但是，在許多情況下，中樞興奮劑會令孩子的症狀惡化，使他們變得更具攻擊性、更抑鬱甚至具自殺傾向，又或出現嚴重的強迫症行為，這時，藥物治療往往需要停止。長期研究已經證明，服藥三年對行為表現也沒有任何正面的效果。

◀ 另一個角度看多動症：大腦成熟過程受損

　　多動症是由遺傳基因主導造成的生理障礙的這種想法，是濫用了受影響兒童的數目持續增長的情況作為依據，這種破壞性的想法最終會被廢棄及被更具建設性的想法所替代，使有障礙的兒童能得到真正的幫助。這本書敍述了我使用韻律運動訓練的臨床經驗，以及解釋了韻律運動為何及怎樣幫助有障礙的兒童。

　　正如我們所知，新生兒的大腦是尚未充分發育的，並需要不同的感官刺激來促使它發展成熟。嬰兒透過進行自發性的嬰兒韻律運動得到這些感官刺激，繼而刺激腦幹、小腦、基底節、邊緣系統和前額葉皮質的神經細胞的生長，以

及大腦這些部分的連繫。多巴胺是大腦內一種十分重要的神經傳遞物質，其功能是傳送神經細胞之間的神經衝動，對基底節、邊緣系統及前額葉皮質發揮其功能尤其重要。每當這些大腦部分有新的神經連接建立時，多巴胺的供應便會相應增多。

當新生兒的運動發展出現某種程度的阻礙時，大腦的成熟過程也會被延遲或受損。依我經驗來看，這些遲緩的成熟過程是由環境因素而並不是遺傳基因所主導的，這些因素包括：出生時受到創傷、微波、重金屬的毒素、食物不耐受（尤其麩質）、文化及心理因素等。大腦延遲成熟會導致運動功能、注意力、集中力、衝動控制及學習等各方面的障礙。

◀ 應用韻律運動訓練及整合反射於多動症的情況

韻律運動訓練是基於模仿嬰兒自發性的韻律動作而創造出來的，此運動可以刺激基底節和前額葉皮質內新的神經連接的發展，從而改善孩子的運動機能和安坐的能力，以及其大腦的執行功能。由於大腦內的神經網得到發展，其大腦神經傳遞物質多巴胺供應也會增加。因此，孩子若每天進行韻律運動和反射整合運動，便能刺激大腦各部分新的神經連接的發展。

很明顯，大腦的發展是漫長的。如果孩子每週都進行

運動最少五次，經過數月或有時更短的時間的訓練後，多動症的症狀通常會有明顯改善。我們需要經常提醒大腦新的神經傳遞模式，當那些新的神經連接經訓練而被強化後，新的反應便能穩固地形成。此外，當原有的神經連接被抑制，其原來的症狀也會隨之消失。要孩子能完全擺脫他的障礙，大概需要一年的時間，嚴重的個案則需時更長。

◀ 韻律運動訓練與藥物的比較

許多對猴子進行的研究發現，使用中樞興奮劑會使猴子的腦部受損。如果兒童服用安非他命的份量是在毫克/公斤的基礎上，腦部受損的程度會跟動物實驗的結果相若。猴子的實驗顯示，中樞興奮劑會特別地破壞基底節和前額葉皮質的多巴胺，我們實在沒有理由相信，孩子不會受到相同的影響。

根據我們使用韻律運動訓練的經驗和心得，韻律運動訓練會長遠地提升基底節和前額葉皮質的功能，當神經網得到適當的刺激和發展，多巴胺的供應便會增加。

研究又顯示，中樞興奮劑會妨礙學習和高階心智思考，包括靈活地解決難題的能力。另一方面，研究不能夠證實中樞興奮劑可以改善學習表現。

使用韻律運動訓練的經驗則顯示，它可促進學習，尤其是閱讀理解和數學的能力，短期及長期的學術表現均會顯

著提升。

中樞興奮劑只能促進公式化、強迫性和過度集中的行為，這些行為往往是重複而毫無意義的。中樞興奮劑亦會抑壓正常應有的自發性或自我控制的活動，包括：好奇心、社交能力和玩耍等。

韻律運動訓練使孩子變得性格外向，與同伴增加接觸，社交能力也相對提高。自閉症的孩子也有此情況出現，一項對長期精神分裂症患者進行的科學研究顯示，韻律運動訓練使他們對身邊的人和物更感興趣，以及對參與社交活動更顯積極。

在 1998 年的 NIMH 會議上，有與會者提出了一個獨特的長期研究，研究顯示於童年時使用中樞興奮劑治療，跟日後使用其他興奮劑的行為，例如吸煙、濫用可卡因，以及終生服食可卡因或其他興奮劑，都有十分明顯的相關性。而且最近的 MTA 的研究報告提出警告，兒童服用中樞興奮劑會提高長大後濫用藥物的風險。

相反，韻律運動訓練並不會增加日後濫用藥物的風險。

案例報告：卡勒

卡勒於他十一歲的暑假期間開始進行韻律運動訓練，他當時已經服用了安非他命五年，服用量是每日 25 毫克。

　　卡勒是一名過早發育的兒童，他在十個半月之齡已開始學習走路。他二至三歲時，是十分反叛的。當他六歲時，已有非常嚴重的過度活躍、缺乏專注力和脾氣暴躁等問題，所以他被處方安非他命。最初兩年的學校生活，他尚可在私人看護的協助下留在普通班房內，但其後他被轉送到一個特殊班別，該班只有 7 名學生和 5 名成人。

　　在我們第一次的會面時，明顯可見他是一個多動的男孩，不可能保持靜坐。他毫無耐性、十分衝動和容易分心。他幾乎每一天都會出現嚴重的脾氣暴躁。他不喜歡和同伴玩耍，團體運動是他的最大挑戰。他比較喜歡獨自玩樂及時常沉迷於電玩或類似遊戲，他可以不停地持續玩這些玩意幾小時，並且很難中斷。卡勒有以下反射是尚未整合的：擁抱反射、緊張性迷路反射（TLR）、對稱性緊張性頸反射（STNR）及脊柱格蘭特反射。他進行韻律運動訓練時沒有出現問題，並且似乎十分享受。

　　其後，卡勒開始不喜歡藥物治療了，並且想停止服藥及返回學校的普通班別，他表現出動力希望達到這些目標。

　　他每天進行被動式和自動式的韻律整合運動，並且每週進行數次擁抱反射和緊張性迷路反射的整合運動。另外，他的父母也被囑咐降低他的藥物服用量，從每日

五片減至四片。在之後的一次會面中，他的父親匯報他沒有每天積極地進行自動式的運動，但他十分享受被動式的搖晃，並且只會在他願意下才進行自動式的運動。

經過大半年後，他變得更積極地主動進行韻律運動，據報告他比以前更平靜及更和諧。他開始與父母有身體接觸，例如想坐在他們的膝部，這是他以前從未試過的。他減少了發脾氣，父母也觀察到他的行為變得更合情理，他可以按照論點來理論，之前他從來沒有這種能力。此外，學校也發現他的行為改變了，並決定暑假後把他轉到普通班上課，他也獲派一位助理協助他上課。

在暑假之前，我建議他的父母再減少一片的份量，可是在他之後的一次到診時，他的父母說學校強烈反對他們減少藥物服用量，甚至恐嚇不會安排他轉回普通班，所以他的父母沒有為他減少服用量。之後，我們更難激發卡勒做練習，在我們的堅持下，他只能每三天進行一次練習，有見及此，我們決定即時讓他減少一片的份量。結果在再下一次的會面時，他又再每星期進行最少五次的練習。

在之後於十一月的一次到診，卡勒已經再減少一片的份量，他的行為徹底改變。在此之前，打斷他停止玩電子遊戲機的壞習慣是很困難的，現在他會把握每一個機會和弟弟嬉鬧玩笑和在地上玩耍摔跤。他的父母向我

匯報説，他已十分積極及自發性地每天進行韻律運動，父母只需要提醒他，他還經常在父親的協助下進行反射整合運動。

當他進行了韻律運動一年半的時間，他的藥物服用量已減至每天兩片，沒有人發覺有什麼問題。在學校裏，他能夠做得比預期好，表現十分出色。他持續地自己進行韻律運動及在父親協助下進行等距壓力練習，並整合他的緊張性迷路反射、脊柱格蘭特反射和擁抱反射。他在耐性、專注力、注意力和活躍程度方面也再沒有出現問題，他可以稱得上沒有脾氣了。暑假前，他獲得老師的一致好評，他之後再減少一片藥物的份量。在十二月時，大約進行了韻律運動兩年三個月的時間，他服食最後一片藥物。翌年的二月，大概是我第一次與他會診的兩年半之後，他告訴我他感覺良好，學校的進度很順利，儘管他已經沒有進行韻律運動好幾個月了。

一年後，卡勒從報章上得悉，如果被診斷出患有多動症，需要進行精神病評估才可得到駕駛執照。之後，他去了一間兒童精神病診所進行評估，該診所當年診斷出他患有多動症，並曾處方藥物給他作治療。卡勒要求他們撤銷對他的診斷，因為他不再出現任何症狀，當進行了一連串的測試之後，他們不得不撤銷對他的診斷。

第四章

環境因素導致
注意力和學習問題

◀ 基因或遺傳？

　　當我開始為有注意力及其他問題的兒童服務時，我發覺他們的父母往往也會出現類似的困難，在許多情況下，父母和兒童會有相同的未整合的原始反射，這證明了多動症是有遺傳因素的。可是，這種理論不能解釋為何多動症於過去二十年快速增長。遺傳基因疾病像流行病般爆發是永遠不可能發生的，雖然這並不代表基因與多動症或自閉症不斷上升的發病率有着相關性。在 2010 年發表的一項研究表明，自閉症可能由基因引起的，當中大部分並不是從父母所遺傳，而是起源於精子或卵子。

　　如果損壞的基因不是從父母所遺傳，那麼，該損害必然是由環境所造成的。這些研究結果強調了環境因素在快速增長的多動症和自閉症個案中扮演了舉足輕重的角色。

有害的環境影響着我們的孩子

現今的生活環境，充滿着很多對我們生理及心理有害的污染，其中包括受污染的環境、汞和其他重金屬、疫苗、不健康的食物（含有很多糖精的）、甜味劑、味精和其他含有添加劑的食品，還有來自手機、無線電、無線電話和其他無線技術等密集的電磁輻射，它們對我們的健康都有相當的威脅。

胎兒、兒童及青少年在這種環境災難中是特別受影響的，他們的免疫系統和中樞神經系統比成年人更敏感，所以兒童出現天生畸形，或患上過敏症、抑鬱症、注意力缺乏症或自閉症的數目不斷增加。

在瑞典，統計數據顯示，於 1999 年至 2004 年期間，先天性異常的胎兒和兒童數目上升了 15%，而染色體畸變個案在同期也增加了 16%。[29]

現今瑞典的年青人，與他們的父母在相同年齡時比較，他們這一代對世界感到不安和不快樂：

- 出現自殺企圖的年輕人，自 1980 年以來增長了四倍。
- 感到恐懼和患上焦慮症的年輕人增加了三倍。
- 患有失眠症的年輕人增加了差不多三倍，很多年輕人經常感到持續性疲倦[30]。

◀ 汞

汞是其中一種最有害的物質，對大腦和神經系統的傷害特別大。汞威脅人類的健康，主要來自三個源頭：汞合金、空氣和疫苗。

自十九世紀以來，汞合金是汞的重要來源，時至今日，它一直被公認為是導致兒童和成人出現健康問題的其中一個主要成因。據一份關於牙科物料的瑞典官方報告指出，汞合金能導致胎兒發育不正常，尤其是神經系統發展方面。

汞的另一個來源是透過燃燒煤和垃圾。這使到在過去百年中，汞在空氣中的含量增加了三倍。美國環境保護局估計，當地有 15% 的美國嬰兒在母親懷孕期間暴露於汞含量為危險水平的環境。

數以百計關於硫柳汞的研究顯示，硫柳汞是一種含有汞的疫苗防腐劑，它跟大部分的神經系統疾病有關，也被認定為導致自閉症的一個主要原因。

◀ 阿斯巴甜

在過去二十年，多個科學研究顯示，甜味劑阿斯巴甜是最有害的食物添加劑之一，它最常添加於低糖飲料中。阿斯巴甜的其中一種代謝物天門冬氨酸會破壞腦細胞，其中兒

童首當其衝，而它的另一種代謝物甲醇，會導致癌症和胎兒的健康受損。經常飲用低糖飲料的消費者，包括孕婦，甲醇的攝取量可能為美國政府安全標準的三十二倍。

苯丙氨酸是另一種代謝物，會使大腦中的 5-羥色胺（或稱血清素）含量降低，並會導致抑鬱症，這也可能是年輕人患上抑鬱症的數目增加的原因之一，尤其是經常大量飲用低糖飲料的女孩子。[31]

◀ 食用色素和食物添加劑

食物添加劑如味精及食用色素，長期以來一直被視為令兒童產生多動症症狀的源頭之一。在 2000 年發表的一份科學研究指出，英國兒童平均每天攝取食用色素和食物添加劑的份量，會導致過敏症和行為障礙，如活動過度、注意力問題和情緒問題。在 2007 年，一項新的研究亦證實了這些結果。[32]

◀ 電磁輻射

現今我們的環境與以前相比，最快速和急劇的變化是電磁輻射以驚人的速度增長。電磁輻射是由手機、無線電、無線電話和其他無線技術如無線寬頻等發出的。至今已

有大量的科學研究指出，電磁輻射造成最嚴重的環境災難。

　　正如前文所提到，兒童和青少年比成年人對手機輻射更加敏感。瑞典的研究顯示，二十至二十九歲的手機使用者患上腦腫瘤的風險會相對增加，而於二十歲前已開始使用手機的人是最高危的，對於年輕的使用者，其風險會增加 370%。[33]

　　瑞典隆德大學的一群研究人員在一個研究項目中，將一些年幼的老鼠放置於一部正啓動着的手機的輻射範圍內兩小時，結果顯示，該輻射會導致永久的腦部傷害，尤其是對新皮質、海馬體和基底節的傷害最為明顯。如果兒童或青少年的這三個大腦區域受損，可能會出現多動，以及注意力、集中力和學習等問題。[34]

　　根據一項丹麥研究，這些疑慮已經被證實是真確的，這項研究的對象是 13,000 名九十年代末出生的兒童，研究追訪他們至七歲。結果顯示，孩子的母親如在懷孕期間使用手機，孩子出現行為障礙、過動和情緒問題的風險分別增加 54%、35% 和 25%。母親於懷孕時使用手機達到一星期兩次或三次以上，已足夠造成上述的風險。此外，如果孩子於出生後便已經暴露於手機輻射之中，他出現行為障礙的風險會增加 80%。[35]

　　正如前文所述，電磁輻射直接損害胎兒和年幼兒童的大腦，引致注意力和學習問題。事實上，還有另一個相關的原理可用來解釋。多動症常見的症狀是難以集中、短期記憶力差、易怒、脾氣暴躁、缺乏持久力、對聲音和視覺印象過

敏，以及傾向容易受別人影響，這些其實也是典型的電磁場敏感症狀。多動症和電磁場敏感的這些症狀都是由壓力水平增加所造成的，而這都是由於恐懼麻痺反射及擁抱反射被激活所引致。

　　過去十五年間，有行為和學習問題的兒童顯著增加，而同一時間，更多的兒童也不斷接觸由手機、無線電和其他無線技術等發出的電磁輻射。一位曾參加我在赫爾辛基舉辦的課程的小學老師與我分享，指她觀察到她的學生在行為上出現問題的情況比以前增多，在此之前，增長是相當緩慢的，但在過去的幾年，情況以上升曲線的形態急速增長。當我指出手機和無線技術是最可能的原因時，她完全同意我的看法，並告訴我她的班中有 20 名七歲的學生，所有的學生似乎也有行為和學習問題，當中 18 名學生都擁有自己的手機，而他們所有人也因為要和媽媽時刻保持聯絡而堅持於上課時把手機放在身邊。

◀ 弗萊堡呼籲

　　在過去十多年間，愈來愈多醫生注意到一些嚴重的疾病和症狀出現了驚人的增長。早在 2002 年，有超過 1,000 名德國醫生聯署發表一份名為「弗萊堡呼籲」（Freiburg Appeal）的文章，他們指出，在過去的幾年間，嚴重及慢性疾病出現大幅度增加，其中包括下列各項：

- 兒童學習和專注力問題，以及行為障礙，例如多動症。
- 癌症、白血病和腦腫瘤。

　　此呼籲又提到：「我們更經常觀察到有不同的疾病，都被錯誤地視為身心疾病，例如頭痛、偏頭痛、慢性疲勞綜合症、失眠症、耳鳴、神經痛和軟組織的疼痛。」

　　這個聯署呼籲最引人注意的地方是，許多症狀或個案都是發生在具有較強輻射的區域或地方，當減少或消除暴露於輻射，這些症狀會隨之改善或消失。

◀ 醫學界如何應對呢？

　　當孩子受到我們有害的環境所影響，以及出現各種不同的症狀時，大多數的醫生都不會作出像那些聯署發表呼籲的德國醫生般的反應；相反，他們只會提供精神病的診斷和藥物治療。一位著名的瑞典精神病學家認為，現今被確診患有精神病的兒童遠比以前多。流行病學的研究表明兒童患有精神病的比率為 20% 至 25%，而 6% 和 7% 的兒童則分別被認為是患有抑鬱症和多動症。其他的專家亦指出，每 10 名兒童便有 1 名患上多動症。[36]

　　正如前文提到，「診斷」是由一群專業的醫學界人士結合不同的症狀，並宣稱這些不同的症狀組合就會構成不同的疾病。兒童缺乏注意力、表現衝動和過動，便被認為患有多動症，儘管醫學界並未就多動症的成因達成共識，但使用中

樞興奮劑如專注達（Concerta）和利他林治療多動症卻被認為是無須質疑的。

兒童及急躁、被動和多愁善感的青少年，如果出現提不起勁、疲倦和失眠，便會被診斷為患有抑鬱症，儘管已有多個科學研究證明大部分的抑鬱症個案都是由電磁輻射或麩質不耐受所引起，醫生們一般仍會處方使用抗抑鬱藥治療。

◀ 傳播媒介和政客如何應對呢？

傳播媒介，至少在瑞典，很少會認真地討論有關導致兒童和青少年的健康狀況惡化的成因，他們一般強調的原因只是社會壓力的增加。許多科學研究證明電磁輻射、疫苗、藥物或食物添加劑等危害我們的兒童，但這些研究都一一被掩蓋，而那邊廂，其他表明它們沒有壞影響的研究就不加鑑別地被鼓吹起來。我們最需要的報告，諸如有關如何有效及安全地幫助有障礙的兒童，卻顯而易見地「缺席」了。

在瑞典，政府透過增加對兒童精神病學的撥款，讓更多孩子使用藥物進行治療來處理這些日益嚴重的問題。

仔細想一想，孩子的健康持續下降對我們未來的威脅，好比全球暖化的情況般嚴峻。這麼嚴重的問題並沒有在任何的傳播媒介認真地討論過，連負責當局亦從未站出來認真地對待這些問題，這確實是十分奇怪的現象，情況好比傳播媒介及政客也忽視全球暖化的原因和問題一樣。

◀ 誰需要診斷？

　　前文提到，診斷是一種社會建構，要維持這種建構，必須有一些得到社會授權的專家來負責進行診斷，這些專家通常是醫生。而隨着兒童的健康迅速惡化，以及有行為障礙的兒童數目不斷上升，促使有必要培訓一批專業人士，如心理學家及社會工作者，去診斷那些對有害環境作出反應的兒童，至少在瑞典已出現這情況。

　　診斷，這種社會建構，是可以滿足到社會不同的需要。這種需要可能是來自經濟的、政治的、專業的或心理的因素，例如製藥公司為了經濟的原因，需要兒童被診斷，從而可以售賣中樞興奮劑及抗抑鬱藥。科學家、醫生、心理學家和社會工作者需要透過診斷來證明他們的專業，獲得政客為他們提供工作和研究的資金，以及得到就業崗位和發展事業。

　　政治家藉着診斷，來掩蓋兒童健康狀況的惡化在很大程度上是由環境因素所造成的這個事實，這是由於他們需要為環境因素負責。家長和老師需要透過診斷來獲得支持和資源，以及逃避失敗的感覺。

　　可是，另一方面，孩子其實是不需要診斷的。兒童出現注意力問題和多動，並不需要被視為患有某種疾病，根據有關專家所說，這會「嚴重影響他們的健康及發展，侵蝕了他們對成年人生活感滿意的基礎本能」。孩子根本不需要聽到「他們會出現學術上和專業上失敗的風險，以及往往會在

成年時出現嚴重的社交和精神問題」一類的説話。[37]

　　有障礙的孩子，真正需要的是得到幫助。他們需要真正的幫助，使他們感覺和發展良好。他們不需要被診斷所污衊，也不需要為了壓制他們的症狀而被藥物毒害及使他們的系統受到損害。

◀ 一個可兼容生物及生態可持續的環境

　　最大的前提是，我們需要給孩子一個可兼容生物及生態可持續的健康環境。社會是有責任提供此關鍵的元素，可是卻並沒有做到。而當政客、衛生當局和醫學界犧牲孩子健康的同時，唯一的出路是增加家長、老師，以及圍繞着孩子的所有人的知識和個人的主動性，以改善環境，從長遠來看，可增強孩子的健康。

　　以下有一些建議可供參考：

- 為胎兒、嬰兒、幼兒消除不必要的電磁輻射的環境，如減少使用無線技術和無線寬頻。當孩子在附近時，不要使用無線電話。不要於孩子的兩米範圍內使用手機。
- 懷孕婦女不可使用手機、無線電話或任何無線技術產品。
- 限制兒童和青少年使用手機和無線技術產品，甚至不准他們使用無線電話。
- 避免進食含糖、甜味劑（阿斯巴甜）、味精、食用色素或其他食物添加劑的食物。確保孩子的飲食中有足夠的礦

物質和維生素。需要時可給他們補充維生素、礦物質和奧米加-3（Omega-3）。

• 搜尋一些方法代替服用醫生處方的中樞興奮劑（如專注達和利他林，以及抗抑鬱藥）。

• 研究接種疫苗的風險，細心考慮為孩子接種疫苗的需要性及時間性。

第五章
腦幹及韻律運動

◀ 神經底盤和它的三個指揮操作員

　　保羅·麥克林主要從事研究兩棲動物、爬行動物及哺乳動物的大腦發展，他描述了大腦的不同層次如何合作。根據他的理論，神經底盤，包括脊髓和腦幹，「提供自我保護和物種保存所需要的大部分神經機械，神經底盤好比一架沒有司機的行駛中的車輛。值得注意的是，在高等的脊椎動物中，其進化的過程已為神經底盤提供了不只一個而是三個指

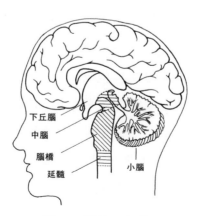

下丘腦
中腦
腦橋
延髓
小腦

圖三：腦幹及小腦

揮操作員，每一個的進化年齡和發展都顯著不同，每一個都有完全不同的結構、化學作用和組織」。這三個指揮神經底盤的操作員分別為爬蟲腦（即基底節）、哺乳動物大腦（即邊緣系統）以及新皮質。[38]

胎兒的運動能力和感官的發展

腦幹在胎兒時期逐漸發展，它必須能夠充分發揮其作用，才能使新生嬰兒得以生存。魚兒的大腦跟人類的腦幹相似，它從前庭覺、觸覺、本體覺和視覺接收信息，腦幹會將信息轉遞給運動器官。此外，呼吸、心跳和其他延續生命功能也依賴腦幹支持。

感官在胎兒時期逐漸發展成熟，但它們於出生時仍未完全發展，而且不能適應子宮外的生活，所以新生兒是要完全依靠着父母的。本體覺使胎兒能夠認識自己身體的不同部位，胎兒在充滿水分的子宮內可以靈活地移動，並能夠吸吮大拇指和在感受到壓力時把玩臍帶。在出生後，他要面對新的引力環境，這些能力便會喪失，而且他的動作會像一條在陸地上的魚兒一樣，緩慢並主要是由頭部、軀幹和上肢所主導。但是，在水中他仍然是一個游泳好手。

前庭覺早在胎兒時期已開始發展，它使胎兒和新生兒可以在水中保持平衡。但在乾燥的陸地上，嬰兒還沒有發展出任何的平衡感覺。

　　胎兒的運動能力在最初的時候是由脊髓所控制的，並涉及簡單的反射運動。當腦幹逐漸開始運作，更複雜的原始反射的模式便會發展，這將有利於胎兒和嬰兒進一步發展他的運動能力。然而，自主的運動能力尚未被開發出來。

　　新生兒面對的任務，是重編他的前庭覺和本體覺，並學習如何控制自己的運動器官和在陸地上自由移動。為了使這個重編過程能夠進行，他必須根據其天生的程式，進行自發性的嬰兒韻律運動。

◀ 腦幹與肌張力

　　所有感官除嗅覺外都會發送官能信息至腦幹的特定區域，即所謂「神經核」。這些細胞核會處理並整合所有來自感官的資訊，將它們發送至大腦更高層的部分。前庭神經核不僅只從前庭覺接收信息，亦會從其他的感官，特別是觸覺和本體覺收取信息，這對於肌張力的發展尤其重要。如果腦幹沒有從前庭覺、觸覺和本體覺中得到足夠的刺激，身體伸肌的肌張力便會變得較低。

　　因此對嬰兒來說，被撫摸、擁抱、搖曳和容許自由活動等一切互動是相當重要的。這些刺激將信息從感覺器官發送至前庭神經核，缺乏了這些刺激，嬰兒可能會發展出較低的肌張力，並有抬起頭部和胸部及移動的困難，進一步降低從前庭覺、觸覺和運動覺得到的刺激，形成惡性循環。

由於出現肌肉鬆弛，兒童可能難以保持頭部端直和出現身體姿勢容易縮起的情況。他們的關節，尤其脊柱，通常會變得過度靈活。由於身體出現縮起的姿勢，呼吸會變得淺快。兒童可能不願活動，寧可靜靜坐着。

大部分這些兒童由於大腦皮質的功能出現問題，將會發展出注意力問題及於長大後被診斷為注意力缺乏症。過度靈活的脊柱和關節會使他們難以保持正確的姿勢，以及使呼吸更加困難，導致對新皮質的覺醒不足。

韻律運動訓練能夠令他們逐漸恢復正常的肌張力，減低關節和脊柱的過度靈活性。

腦幹與大腦網狀激活系統

腦幹的核心部分主要由密集的神經網組合而成，即大腦網狀激活系統，此神經細胞的系統會從視覺、聽覺和前庭覺，從肌肉、關節及內部器官（本體覺）的感覺器官，以及從觸覺接收信息，並傳遞至大腦皮質。這些信息是用來促使大腦皮質覺醒，它們對於保持注意力和警覺性是必要的。如果沒有這種大腦皮質的覺醒，我們便不能夠維持對外界事物的警覺性。

從韻律運動訓練的經驗顯示，由於持續地缺乏從前庭覺、本體覺和觸覺的信息，因而導致警覺性及注意力不足的問題，這是可以迅速地被韻律性刺激糾正過來。肌張力較低

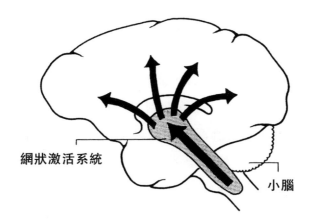

網狀激活系統

小腦

圖四：網狀激活系統

和有縮起的姿勢的兒童，可能會發展為注意力缺乏症而沒有出現多動的症狀。在極端的個案中，肌張力極低的兒童無法四處走動，可能會得到較少的覺醒反應，進而使他們無法維持對外在刺激的意識，他們會習慣性地發白日夢甚至出現幻覺。

◀ 原始反射

　　胎兒的運動功能是由原始反射所主宰，原始反射是自動進行的公式化動作，並由腦幹所操控。這些反射發展於懷孕期內不同的階段，它們必須得到成熟的發展，最後受基底節抑制，並且得以整合至嬰兒的整個運動模式。透過進行韻律性嬰兒運動，嬰兒可以逐一抑制及整合這些原始反射。

　　原始反射是由從感官刺激所觸發。其中一種最早發展

的原始反射是緊張性迷路反射，當胎兒頭部向前傾，脊柱及
肢體亦會向前彎曲，出生後，嬰兒的頭部會向後伸展，進而
發展後傾式緊張性迷路反射，嬰兒便會伸展身軀。[39]

　　當胎兒的頭部從一邊轉動到另一邊時，其頸部的本體
覺接收器官便會受到刺激，從而觸發非對稱性緊張性頸反
射。這種情況會發生於懷孕後第十八至二十週，使胎兒於轉
動頭部時把手臂和腿部伸展，此時母親便會察覺胎兒開始踢
腿。

　　自動步態反射發展成為成年人的步行模式，可以說明
成熟的大腦於運動能力的發展所擔當的角色。胎兒於很早
期，甚至在腦幹和脊髓聯繫起來之前，便會開始進行步行動
作。這種步態動作由脊髓所控制。[40] 原始的自動步態反射約
於懷孕期間第三十七週開始發展。這種反射是由中腦（腦幹
上部分）所控制，並於嬰兒出生時是活性的。如在雙臂下面
抓住他，並把他抬升至身軀垂直，微微向前傾，以及讓他的
腳底接觸平坦的表面，這都會觸發自動步態反射，跟着嬰兒
便開始進行自動步態動作。[41]

　　當嬰兒於三或四個月大的時候，自動步態反射會受到
抑制，不能再被觸發。然而，及至嬰兒學會了站立起來和掌
握地心引力，他便能夠把這種反射改變成為成年人的步行反
射，這是一種由基底節所控制的姿勢反射。

◀ 原始反射成熟過程的重要性

　　如果嬰兒不能及時抑制他的原始反射，他的運動發展便會延遲，大腦的成熟過程繼而會被阻礙。

　　嬰兒在出生時，如果他的原始反射沒有得到適當的發展，相對一個反射已完全成熟的嬰兒，他將會遇到更多困難，並影響他日後的發展，這些情況於早產兒和通過剖腹生產手術出生的嬰兒最為顯著。

　　早產兒在出生時，某些原始反射可能未能得到發展。在保育箱內，早產兒不能像在母親子宮內那樣從觸覺、前庭覺和運動覺中得到刺激，這樣會延遲原始反射的成熟過程。反之，如果母親背着嬰兒於她的胸前並四處走動，嬰兒便會得到類似在子宮內感受到的刺激，這樣會促進原始反射的整合與成熟過程，並能改善肌張力，有助整合大腦不同層次的部分。

　　現今社會，很多嬰兒都是經剖腹生產的，他們會錯過正常的生產過程，而大部分的嬰兒原始反射都是通過正常的生產過程所觸發，這對日後反射的成熟過程是十分重要的。早產兒及剖腹生產的嬰兒會遇上更大的風險，保留了他們未整合的原始反射至踏入成年期，使大腦的發展不夠成熟，結果產生運動功能、注意力、集中力及學習上的問題。

◀ 韻律運動刺激腦幹

　　胎兒從母親的呼吸、心跳、步行、跑步等得到感官刺激，這種被動的刺激會影響胎兒的觸覺、本體覺和前庭覺，並會刺激神經底盤中神經細胞的成長和成熟化過程，所有這些刺激還會促進大腦其他部分的發展。

　　此外，當胎兒的原始反射被觸發，其運動反應會使神經底盤得到刺激。胎兒的感官刺激的另一個來源，是所有他可以自己進行的動作，例如把頭部從一側轉到另一側、吸吮自己的大拇指、把玩臍帶等，把玩臍帶能產生本體覺刺激，有助保持胎兒平靜。

　　被動式的韻律運動，對於刺激新生嬰兒及有腦部創傷而導致腦神經系統發展水平猶如嬰兒的兒童的神經底盤，效果相同。以不同的方式被動地搖晃嬰兒，可以刺激神經底盤並改善肌張力、原始反射的成熟過程，以及激發自發性的活動。當一個嬰兒發展顯得緩慢，並且難以由一個發展階段順利轉至另一個階段，這種刺激可以幫助加快他的發展，例如對一些無法抬起頭部或者未開始雙手雙膝地爬行的兒童均很有效。

　　有嚴重腦部創傷而頭部傾向轉動至某一邊的兒童，被動式的韻律刺激可以使他們用類似反射動作的方式，把頭部由一邊轉至另一邊。

案例報告：奧爾

當我跟隨克斯廷‧林德工作時，我遇上奧爾，他當時五歲並開始進行韻律運動。他在過去的一年，發展停滯不前，其後我跟進了他的情況半年，在這期間他取得了很大的進展。他出生的時候，是相當鬆軟無力的，甚至連哭也沒有足夠的氣力。他發展緩慢，當他八個月大時，仍躺在地板上，但已經學會了略略抬起頭來。他與父母沒有眼神接觸，他總是疲倦和呆滯的。當他十一個月大時，他學會了坐，於十八個月大時，他就開始嘗試站起來，甚至學會站立一段時間。不過，當他日漸長大及身體愈來愈重，便失去了站立的能力。

醫療機構告訴奧爾的父母，不要期望奧爾會有進步。奧爾的父母得到的印象是，那些工作人員表現出做什麼也都幫不到奧爾，在整個事件中他們總是只會「聳聳肩」。奧爾的父母覺得，那些物理治療師認為他們幫不到奧爾，他們的責任是要每月觀察奧爾一次。

就在奧爾第一次拜訪我之前，他經常會靜坐不動，大部分時間幾乎沒有發出任何聲音。他的背部彎曲和收縮，沒有力氣把頭部保持端直。他的雙腿相當軟弱。他不會望着父母的眼睛，並且出現很多幻覺。他對身邊的事情提不起興趣，除了有時他的父母播放音樂或唱歌給他聽的時候，他才會顯得活躍起來。

　　奧爾的訓練是從基本的動作開始，他對運動的態度非常正面，並且十分勤於進行，他進行的運動包括跪坐式律動、縱向律動及爬行。他開始拉動東西，把它們放進嘴裏，並表示對四周感到興趣。他突然想自己吃東西，這是他從來沒有試過的。他開始牙牙學語，發出不同的聲音，並開始注意到自己的名字被稱呼。

　　他的視力有所改善，開始以一種全新的方式固定地觀看身邊的事物。在此之前，他經常會轉移他的目光，並只會心不在焉地看着電視，現在，他開始比以前多了看電視，他發現了及開始探究他的雙手，他對從鏡子中看到自己變得十分感興趣，這是他之前從來沒有注意到的。他第一次發現家裏的小狗，並和牠一起玩耍。當有客人到訪時，他會表現出感興趣和爬出來看看他們。他的幻覺逐漸減少，當傷害到自己時，他開始有反應。以上的種種行為，都是他之前從來沒有的。

　　經過數個月的訓練，他的姿勢徹底地改變了。他能夠保持頭部端直，他的背部再沒有彎曲，雙腿沒有那麼鬆軟。

　　奧爾每月會拜訪我們一次，每次會診後的一天或兩天他都會生病。在首次的會診後，他得到了發燒和喉嚨痛，並吐出很多痰。經過幾個月的訓練後，他的胸腔出現了可怕的格格聲，令他的父母十分擔心，但突然間，他有生以來第一次能夠咳嗽並把痰咳出來。

　　經過幾個月的訓練後，他開始出現情緒反應。他開始在晚上醒來及大哭，無法安穩下來。他曾有一段時間於晚上醒來，並愉快地笑着和問候別人。他又表現出憤怒，這是他之前從未有過的，他並開始有他自己的意願，學會了對不喜歡的食物提出抗議，他甚至會對一些全新的事物以搖頭表示，對於一些他十分想要的東西，他會不放棄地爭取和變得固執。此前，他對任何事物都完全漠不關心，他的父母給他任何食物，他都只會張開口吞下去。

　　奧爾經過五個月的訓練後，他的物理治療師注意到他的進步，他的身體變得更為穩定。此時，他已經三個月沒有去拜訪她，她跟着表示希望可以更頻繁地觀察奧爾，他的父母也不敢告訴她，奧爾正在其他地方進行治療。他們最後選擇停止再見克斯廷‧林德，繼續接受物理治療師的治療。

第六章

小腦與韻律運動

　　小腦像「乒乓球」般從腦幹上凸起來。小腦接收從本體覺及觸覺受體傳遞過來有關觸摸和壓力的信息，小腦和運動皮質之間有着重要的神經連接，這使小腦能扮演基礎性角色，以協調我們的運動。

　　小腦加上前庭神經核，將身體的姿勢和本體覺的信息互相連繫。它的功能是使運動能暢順地、容易地及有協調地進行，糾正執行和計劃之間的動作偏差。

　　小腦於大腦韻律和身體的韻律中起着重要的作用。自發性的嬰兒動作的韻律元素有一種特殊的重要性，可以刺激小腦和大腦作為一個整體的神經網的成長和成熟。在出生後第一年的下半年，小腦出現迅速的成長，正好與嬰兒的快速運動發展一致。

◀ 注意力和學習障礙中的小腦功能障礙

　　有些兒童難以有協調地進行簡單的韻律運動；當兒童

於直立式姿勢活動時，這種障礙並不明顯，因此容易會被忽視。然而，他們可能做不出一些簡單的自動式韻律運動，如臀部律動（運動 9），或背部律動（運動 7），對於某些兒童來說，學習這些運動是十分困難的。這情況往往反映小腦出現功能障礙，並可能會影響大腦其他部分的功能，尤其是大腦皮質及其他多個區域，由此可能會影響注意力、規劃能力、判斷力、衝動情緒的控制能力和抽象概念的思考能力。此外，亦可能會影響眼球活動、閱讀理解能力、處理資訊的速度、工作記憶、學習能力，以及語言發展。

　　小腦對這些功能有着重大的影響，這是由於小腦與新皮質各個區域緊密連繫，而這些緊密的連繫對於某些範疇是不可缺少的，包括小腦與前額葉皮質的連繫會影響注意力、規劃能力、判斷力及控制衝動情緒的能力[42]，小腦與韋尼克區和布洛卡區的語言區域的連繫[43]會影響語言能力，以及小腦與於額葉的眼球活動區的連繫會影響眼球的運動或追蹤能力。當這些區域沒有從小腦得到足夠的刺激，它們的神經網便不能適當地發展，這樣便解釋了它們運作不良的原因。

◀ 韻律運動訓練與小腦

　　韻律運動訓練能夠改善注意力、集中力、抑制衝動情緒的能力、抽象概念的思考能力、判斷力及學習能力，這可能緣於幾個因素，例如腦幹刺激大腦皮質覺醒的功能有所改

善，或小腦對大腦皮質各個不同區域的刺激有所增加。兒童若由於有小腦功能障礙問題而不能流暢及有韻律地進行韻律運動，他們通常會較沒有這些問題的兒童有較慢的改善進度。

　　因此，最重要的是教導兒童有韻律地進行運動。有些兒童學習得比較快，可以在一個月內完成，但是其他兒童可能需要每日練習而又持續多於一年，才可以流暢地、有韻律地及毫不費力地進行，而當他們感到疲倦時，便會容易失去韻律感。

　　自動式韻律運動對於減輕小腦的功能障礙相當重要。此外，這些運動會帶來其他重要影響，例如整合原始反射及發展終生的姿勢反射（特別是年幼的兒童）。刺激神經網的生長，對於令大腦皮質覺醒和刺激大腦皮質各個不同區域而言，是不可缺少的。透過刺激神經網的生長，這些運動可促進大腦各個部分的連繫。而所有這些從自動式韻律運動帶出的效果對於解決注意力及學習障礙是十分重要的。

　　大腦需要時間才能重新組織結構，所以需要持之以恆，令大腦每天從自動式韻律運動得到刺激，過程大多涉及一年或以上的時間，才能完全解決學習及注意力的問題。

　　部分兒童由於一些運動障礙如腦癱或嚴重虛弱的肌肉（正如奧爾的個案）而導致無法進行嬰兒韻律運動，他們小腦的神經網絡便得不到足夠的刺激，結果是前額葉皮質或皮質的語言區域沒有得到充分的刺激。在這種情況下，語言能力可能不會發展，並且出現嚴重的注意力問題。當這些兒童

開始進行韻律運動訓練時，由於小腦得到刺激，他們可能會出現非常迅速的發展。

◀ 炎症引起的小腦功能障礙

　　小腦功能障礙並不單單只是因為運動發展不足而造成得不到充分的刺激所引致的，另一個因素可能是小腦炎症造成言語發展遲緩、發音問題及注意力不足等症狀。一般來說，這些炎症多出現於自閉症兒童身上，但現今愈來愈多非自閉症譜系的兒童都有以上症狀，而大部分都是由麩質敏感所引致的，這個現象更是愈見普及。科學家估計，現今有10%至30%的兒童患有麩質敏感，這正正反映言語發展遲緩和注意力不足的情況有持續上升的趨勢。小腦之所以有發炎的情況，是因為麥醇溶蛋白（小麥的成分之一）的抗體隨血管流至大腦，造成自體免疫反應，尤其是小腦中的浦肯野細胞會遭受破壞。

　　依我的經驗，有發音問題及言語發展遲緩的兒童通常都是對麩質敏感的，因此需要進行無麩質的飲食，藉以改善小腦的炎症情況。單靠進行韻律運動未能發揮最大功效，韻律運動加上無麩質的飲食雙管齊下，孩子的言語發展在數個月內就會有明顯的改善。

◀ 確切動作

　　為使韻律運動更加有效，它們必須要進行得有韻律性、有協調性及過程流暢。此外，它們的動作需要對稱，不對稱的動作通常顯示原始反射是活性的，即使我們只移動了半邊身軀，例如把頭部只轉向一邊，我們會主觀地體驗到自己的動作是對稱的。很多時，我們需提醒受訓者以改正不對稱的動作模式。

　　當我們進行韻律運動，必須確保手、肩、頸或口部等沒有出現輔助性質的動作。如果受訓者的注意力放在這些輔助動作，可以提醒他或將一隻手按着他不應移動的身體部位上，他很快便學會控制那些在運動期間不應使用的肌肉群組。

　　確切的動作要求是有韻律性、過程流暢、有對稱性及有協調性。有些人能自發進行嬰兒這些運動，但有些則需要很大努力才做到，所以每個人必須根據自己的能力去適應運動，他才會漸漸地懂得如何更確切地進行運動。

　　如果嬰兒能夠及被允許在地板上自由移動，他們將可學習如何確切地進行嬰兒韻律運動。當他們開發出一個新的運動，它最初看起來非常初步，但漸漸地會變得愈來愈精確。可是，有些孩子並沒有給自己足夠的時間去發展某一個嬰兒的運動動作，便急於發展另一階段的運動動作（例如未懂得爬行便學走路）。另一些人則可能因為有或多或少嚴重的創傷，使得無法確切地開發嬰兒運動。

運動的動作愈精確，它們提供給大腦的信息也愈多，這使嬰兒能夠調節每一個動作的肌張力，從而使關節和背部在最合適的位置下協作。很多情況下，脊柱或關節可能被固定於不正確的位置，其中的兩個例子是，胸椎可能被鎖定至弓起或骨盆可能會被扭轉，這些情況必須加以糾正，從而使韻律運動能確切地進行。

案例報告：伊娃

在跟隨克斯廷‧林德的三年中，其中一個最令我有所啓發的是伊娃的個案。這不僅是由於她顯著的運動發展；如果不是在康復病房內接受那種虐待性的治療，她很可能已學會了走路。此外，對於一個曾被醫生們斷言永遠也不能學會說話的女孩而言，她的言語發展是十分卓越的。她快速的言語和運動能力的發展激起了我的興趣，並啓發我去找出她進步的原因。

伊娃第一次拜訪克斯廷‧林德時剛剛滿三歲，她是一個身材瘦削的女孩，有着瘦削的臉和冰涼的小手腳，她的外形使她好像被擠在一起。她可以把肚子扭動至背部，但不可以從背部向肚子扭動過來。她不能自己坐直，需要利用枕頭來支持。她不能在沒有幫助的情況下進食。她連一個單字也不能說出來。

伊娃在一歲時已被肯定患有腦癱，這是由於出生時

出現缺氧所造成。之後，她從醫療服務得到了廣泛的幫助，她接受一位言語治療師和一位物理治療師的治療，她也有她自己的助理。她的母親告訴我：「她一直進行相同的物理治療程序，她的助手每天都會跟她進行幾個小時的運動，並維持了兩年，但什麼都沒有發生。伊娃只保持躺在地板上，既不起身也不轉身。」醫生說伊娃永遠都不會學懂說話，並且應該參加一個學習手語的項目。

伊娃的母親講述有關他們第一次的拜訪，「克斯廷說，伊娃的大腦認為她只有一條腿，它必須被告知她是有兩條腿的。然後，克斯廷把伊娃的兩條腿彎曲和伸展，並說：『右，左，右，左』，伊娃跟着被告訴拉她的右腿，然後左腿。她做到了！我簡直不敢相信自己的眼睛，她從來沒有做過任何類似的事情。我負責記錄伊娃發生的一切，我最初認為沒有什麼會再發生，如果像之前的兩年一樣沒有任何進展，我想每週只記錄一次已很足夠，但事實是，我不得不每天在日記本上使用一個頁面來記錄所發生這麼多的事情。」

伊娃的第一次拜訪後，當他們回到家裏，在晚上她成功地從地板上坐起來。首先，她面部朝地躺下，然後利用四肢着地把背部升起，然後她坐下。

她開始了訓練沒過多久，便開始運用雙手自己進行飲食。一年後，她能夠玩拼圖、替娃娃更衣，以及打

開和關閉錄音機。在開始訓練後的數個月，伊娃開始說話，最初偶爾運用詞語，跟着是包含兩個單詞的句子，一年後能說出最多六個單詞的句子。她開始了訓練不久之後，她的雙腿相當放鬆，她能夠背部貼地躺下和吸吮自己的腳趾，不需要多久的時間，她已可以坐在地板上。在開始訓練後的八個月，她已經學會了提起雙腳支撐自己的身體在家具上。她的視力得到改善，並需要更換眼鏡。

伊娃的母親描述伊娃的訓練：「在開始的時候，我們需要十分努力地使她放鬆，我們提着她的雙腳，面向上方，從腳掌進行縱向的律動，跟着我們滾動她的雙腿。當她放鬆的時候，我們就可以開始進行自動式的運動。她經常四肢觸地及來回律動，跟着她又常常肚子着地利用雙腿進行爬行動作。不久，她學會了用雙臂在地板上移動，經過一些練習後，她已學會利用四肢爬行。」

經過八個月的治療後，伊娃有明顯的改善，及後她被送往兒童康復診所。她的母親報告：

「醫務人員的意見是，伊娃永遠也學不會走路。他們說需要開發其他的方法，所以她被綁在一塊板上，她需要利用那塊板支撐自己站立起來，或需要整天坐在輪椅上，不許在地板上活動。物理治療師表示，她雙腿的機能是沒法改善的，除非為她雙腿進行手術，但整形外

科醫師則認為沒有進行手術的必要，並拒絕替她進行手術。伊娃不想被捆綁起來，她十分憤怒和提出抗議。當我到來帶她回家時，他們說她表現出不合作，並且是他們所治療過的最差的孩子。他們建議我帶伊娃去諮詢兒童心理學家，甚至給了我其中一個的地址。伊娃回到家時，她已經完全地退步，她的雙腿很僵硬，甚至不能從俯臥的姿勢起來，這些都是她第一次拜訪克斯廷時所學到的。直至我們再拜訪克斯廷，她得到需要的幫助，她的雙腿再次能夠放鬆。」

她的母親報告她從兒童康復診所回家後的情況：

「當伊娃已經學會駕駛她的輪椅，她發現那是多麼的舒服和快速。當她回到家時，她不想在地板上活動。她變得很僵硬，訓練變得更加困難。她開始坐在輪椅之後，還得到了某些泌尿系統的感染，這都是她從來沒有發生過的。但同一時間，伊娃感到很高興，因為她能夠更容易地在家裏生活。」

不用說，伊娃沒有學會走路。

伊娃的個案說明了運動能力和語音的聯繫，以及言語只在運動能力得到改善和小腦得到刺激時才會發展。由於患上腦癱，伊娃不能像其他嬰兒般移動，因此她的小腦無法得到刺激而發展。當她開始進行韻律運動訓練，小腦開始得到發展，並刺激了大腦左半球的言語區域，使言語得以開發。

第七章

爬蟲腦或基底節

◀ 爬蟲腦的功用

　　根據保羅‧麥克林的理論，人類的大腦共有三個層次：爬蟲腦、哺乳動物大腦和新皮質，包圍腦幹或神經底盤的部分，這部分的功能大致上是對應魚兒的腦。前文已提到，神經底盤好比一架沒有司機的行駛中的車輛，在高等的脊椎動物中，其進化的過程已為神經底盤提供了三個指揮操作員，即大腦的三個層次。

　　腦幹的旁邊是爬蟲腦，該部分可對應爬蟲類新開發的大腦部分，它是大腦的第一部分發展成為神經底盤的指揮操作員。根據保羅‧麥克林的理論，於爬蟲類中，這部分對於運動機能來說並不算是十分重要，它主要負責掌管着一些帶有儀式、常規程序和嚴格的層次協定等特質的社會相互作用。

　　人類的常規程序和層次主導地位都是由爬蟲腦或稱基底節所控制，但是跟爬蟲類有些不同，這些行為於對人類並不是很重要的，然而在進化過程中它亦已發展出一個新的功

能。哺乳動物和人類的基底節的主要工作已經進化成與運動
皮質緊密合作來控制運動能力。基底節可以被視為腦幹和新
皮質在發展自動姿勢反射的功能上的中介，使得在引力下能
控制運動。不同於原始反射，姿勢反射可以在一定程度上受
運動皮質所支配，從而讓自發性運動發生。

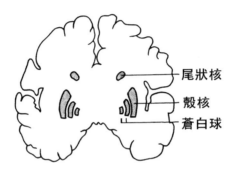

圖五：大腦橫斷面，展示爬蟲腦或基底節：尾狀核、殼核及蒼白球

◀ 姿勢反射

新生嬰兒的活動並不是隨意的，它們都是由原始反射
所控制。為了能夠於地心吸引力下隨意地控制運動器官，嬰
兒需要發展出由基底節所控制的終身姿勢反射。[44] 當嬰兒隨
着自己一種與生俱來的程序作出有韻律的嬰兒運動，基底節
的神經網會受到刺激，姿勢反射亦會隨之發展。

姿勢反射對於維持身體的穩定性和平衡是必須的，不
論是在四肢觸地跪下還是坐着或站立的時候，它們均有助我
們於爬行、步行或跑步、從坐着或躺下的姿勢起立等動作中

活動自如，所以它們亦稱為運動反射。

　　基底節接收本體覺、觸覺、前庭覺和視覺的信號，並作出反應，向腦幹及脊髓（神經底盤）發送信號。這些信號抑制或改良原始反射，將原始反射中公式化的運動模式轉化成更精確及均衡的姿勢反射的運動模式。因此，原始反射是姿勢反射的基礎，它們會被基底節所抑制，以及轉化和整合成嬰兒的運動模式。

　　嬰兒於學習走路之前，透過進行自發的韻律動作，原始反射會受抑制和轉化為終身姿勢反射，自發的韻律動作同樣會發展姿勢反射。這抑制過程的主要部分應該於嬰兒仍然在地板上活動的時候完成。直立姿勢的動作，以及站立或行走，只能有限度地抑制原始反射。

◀ 基底節於自發性運動及安坐的能力的重要性

　　姿勢反射跟原始反射一樣是自主地執行的，並不可以被有意識的運動所取代。當我們四處走動時，並不可能留意到每一個動作的細節，我們往往需要有意識地決定我們開始的時間、目的地及進行的速度。

　　當我們休息時，基底節會處於高度活躍的狀態，我們的動作會被強烈地抑制。當我們決定展開運動時，運動皮質便會發送信號至基底節，以減低抑制的效果，我們的動作愈快，基底節所產生的抑制效果便會愈小。

　　發展正常的年幼兒童通常會十分活躍，不斷四處走動，除非他們正集中於一些自己感興趣的事情。跟年長的活躍兒童相似，他們會較難依照指令安坐着，這是因為基底節的神經網尚未發展，所以有些兒童仍然要學習掌握平衡身體及其穩定性。

　　除自動執行的姿勢反射外，所有其他已學會的自動執行的運動模式都是由基底節所操控的，所以它也被稱為「大腦的秘書」。對於年幼或患有注意力缺乏症或多動症的兒童來說，其基底節尚未開發，他們學習自動執行工作的能力會被削弱，他們必須經常對自己的行為保持專注以作補償，這可能會導致他們的耐力比較差及容易對他們的工作感到疲累。

◀ 基底節及帕金森病

　　姿勢反射於原始反射的基礎上發展，即使當姿勢反射已經建立，原來的原始反射模式仍會保留於腦幹的水平，在一般的情況下，它們不會是活性的。當基底節所產生的抑制作用因某種原因而停止，這些反射模式便會再次出現。這正正是帕金森病（或稱帕金遜症）的情況。

　　英國神經學家珀登‧馬丁博士（Dr. Purdon Martin）於1967年發表了一個綜合了 130 宗案例的報告，研究 1919 年至 1925 年間因腦炎而引發的帕金森病。他指出，一些較遲

出現的症狀，如難以保持穩定或平衡、起立及坐下或正常走路等，都是由於姿勢反射出現功能障礙，繼而引發蒼白球（基底節的其中一個核心）的神經細胞出現大規模的死亡。[45]

珀登‧馬丁博士沒有研究帕金森病患中的原始反射作用，但是從我處理帕金森病患者的經驗中顯示，原始反射於姿勢反射受到影響之前早已被激活。透過進行韻律運動以整合原始反射和訓練姿勢反射，運動能力會得以改善，而在帕金森病患者當中通常發生的長期運動能力損害亦不會再出現。

原始反射再被激活的情況不僅見於帕金森病，年老、出現頸部揮鞭性損傷和其他創傷都會造成反射再次被激活的情況。

◀ 嬰兒的運動發展

新生兒的運動能力是由原始反射所主宰的。當嬰兒開始進行自發性的韻律運動，原始反射便會被抑制，繼而發展出姿勢反射。出生後，嬰兒在清醒的狀態下會忙着做出一個接一個不同的動作。每個動作在最初的時候仍處於摸索階段，但是經過一些練習之後就會漸趨熟練，直至嬰兒轉換進行其他的動作。若外部和內部的條件足夠，嬰兒在開始進行新一組動作之前已能學懂確切地進行之前的動作。

為了使原始反射完全得到整合，嬰兒必須學懂確切地

進行動作。某些內在因素會妨礙運動的進行，例如低肌張力和不能把頭部抬起等；有些時候，成年人會限制嬰兒自由活動，例如不允許他們在地板上活動，這亦會影響他們進行運動。

運動發展和反射整合有一個內部程序讓嬰兒去跟從，當他們躺在地上，便會進行運動，並提升背部及頸部的伸肌的力量。大約於出生後一個月，嬰兒會於俯臥時抬起頭部，開始整合緊張性迷路反射。

倘若嬰兒的肌張力過低使他不能於俯臥姿勢抬起頭部，腦幹便不能得到足夠的前庭覺刺激，導致肌張力維持偏低的水平，影響運動發展。

嬰兒運動使腦幹得到刺激，從而提升背部伸肌的力量，當頭部抬起時，胸部及雙腿便能自動提起，這時，抬軀反射已經得到發展。

在俯臥姿勢時兩邊滾動臀部，可以讓嬰兒準備肚皮着地進行爬行運動。當嬰兒能確切地進行這樣的爬行動作時，巴賓斯基反射及爬行反射便會開始整合。嬰兒於六個月大之前，理應發展了滾動反射，並能夠從仰臥姿勢滾動至俯臥姿勢，反之亦然。

於六個月至九個月之齡，對稱性緊張性頸反射便會開始發展，以輔助嬰兒能夠坐起來。當他們跪坐時，頭部向後傾，雙腿會屈曲而雙臂會伸展；當他們的頭部向前傾時，雙臂會屈曲而雙腿會伸展。嬰兒跟着會開始進行由頭頂至鼻尖的來回滾動動作，然後輕微彎曲雙臂來回律動，這樣便會整

合對稱性緊張性頸反射，當嬰兒進行了這些運動達足夠的時間，他便能夠利用雙手及雙膝爬行。

透過利用雙手及雙膝爬行，嬰兒可以練習到交叉活動、平衡性和穩定性。這樣嬰兒便會有一個良好的基礎，促進起身、扶持、沿着家具走動和開始步行的動作。

抬軀反射及對稱性緊張性頸反射都是過渡性反射，這些反射都是於嬰兒出生之後發展，以幫助他們的運動發展。這些反射必須得到整合，否則它們會妨礙兒童的運動發展。只有在嬰兒學會確切地進行來回律動的情況下，對稱性緊張性頸反射才可得到整合。

◀ 基底節整合的問題

如果嬰兒的自發性韻律運動受到阻礙，原始反射便會持續處於活性，基底節的整合便會受到影響，這樣會導致多動症、學習困難、腦癱及其他情況。

嬰兒難以順利進行韻律運動的原因有很多。在懷孕期或分娩過程中腦部受到損傷，可能會導致腦癱；嬰兒於運動發展的某些關鍵性階段患上嚴重疾病，亦是原因之一。有些嬰兒會過早完成發育，於是略過了一些階段，例如以雙手及雙膝爬行，以及在十個月大之前便學習步行，這樣的情況通常與遺傳有關。有些兒童發展得比較遲緩，他們的肌張力會較低，表現呆滯及不喜歡走動，他們往往需要較多的時間和

刺激，才能進入另一個階段。

◀ 限制嬰兒自由活動的影響

　　家長希望幫助子女發展他們的運動能力是自然不過的事情，當涉及到情緒發展的範疇，家長們會受到本能和自己於童年時有關情感的經驗所引導；但是當涉及到運動機能發展的範疇時，他們大多都察覺不到嬰兒的實際所需。

　　大部分家長都不會任由嬰兒自行及以自己的步伐發展運動機能，例如從躺下姿勢提起身軀發展至爬行，以至最後能站立起來，他們只會嘗試催谷運動機能的發展，在嬰兒能自行坐下之前，一直把他放在汽車座椅、嬰兒手推車或學步車。

　　這些做法全都限制了嬰兒自然的運動機能的發展，並阻礙了基底節或原始反射的整合。

　　如果家長想幫助子女發展他們的運動能力，他們必須從嬰兒的發展水平着手。一個嬰兒如果不能坐着，躺在地上會較為好。他需要俯臥躺着，使其受到刺激而抬起頭部。他必須被鼓勵在地板上自由活動，以逐漸發展其活動模式，適應地心吸力，保持身體的平衡及其穩定性，以及整合其原始反射。嬰兒若大部分時間都留在嬰兒鞦韆和嬰兒學步車，最終他們的運動發展會被抑制；此外，他們還會有更大機會出現多動症或注意力缺乏症、學習障礙及情緒問題。

◀ 環境因素導致基底節受損

　　如前文提及，瑞典的研究顯示，一部正啓動着的手機的輻射能於兩小時內對年幼老鼠的基底節造成傷害。事實上，現今的母親在懷孕期間經常使用手機達數百小時，導致現今兒童出現注意力問題和過動的比率不斷上升，這情況並不令人感到驚訝。

　　汞是其中一種最有害的物質，對大腦和神經系統的傷害特別大。汞合金是汞的重要來源，我們已知汞會導致基底節受損及成年人出現帕金森病；母親體內的汞合金中的汞會傳送至胎兒，使胎兒大腦受損。根據我的經驗，這是造成注意力及學習問題的常見成因。根據一項法羅群島的研究，七歲的兒童暴露於汞中，會產生的不良症狀，包括記憶力、注意力、語言和視覺空間感知的問題。[46]

　　食物添加劑如味精及阿斯巴甜也會導致大腦受損，阿斯巴甜的代謝產物特別會對胎兒及兒童大腦造成損害。

　　此外，還有成千上萬的化學物質，我們對它們所知甚少或者一無所知，但其中的一些化學物質是已知的會對胎兒的發展造成不良影響。

◀ 韻律運動訓練的影響

　　正如前文表明，嬰兒會透過自己內在的程式進行自發

性的嬰兒運動，去整合原始反射和發展終身的姿勢反射，韻律運動訓練正是以這些自發運動為基礎而發展出來的。韻律運動刺激基底節的發展和與大腦其他部分的連接，韻律運動能整合原始反射和發展姿勢反射，並能提升孩子安坐及使運動自動化的能力。

此外，韻律運動會以許多其他方式影響大腦，它們都已在前文描述過。

◀ 原始反射的檢測

在嬰兒身上檢測原始反射是很容易的。唯一需要做的，便是讓兒童得到刺激繼而觸發反應。觸覺、本體覺、前庭覺、視覺及聽覺的不同刺激會觸發不同的反射。

比方說，緊張性迷路反射會因為嬰兒的頭部輕輕向前或向後傾而被觸發。當頭部向前傾時，嬰兒會蜷曲四肢，像胎兒一樣；當頭部向傾後時，嬰兒會伸直身軀。

成年人進行緊張性迷路反射的檢測時，身體要保持直立，雙腳拼攏，閉上眼睛，跟着頭部向前或向後傾。如果緊張性迷路反射未被整合，檢測者會失去平衡或開始搖擺身軀。若緊張性迷路反射是稍微地活性的，他會對這些反應自發地作出補償行為，從而難以察覺。你可能需要重複進行這個運動數次，最後，檢測者會對補償行為感到疲累，導致出現失去平衡的狀況。

　　另一方面，如果檢測者的緊張性迷路反射已經被整合至全運動模式，在頭部向前或向後傾時，便不會失去平衡。這意味着，彎曲頸部的動作已可以於基底節的水平自動執行，沒有需要作出補償行為。

　　如果在判斷檢測者有否作出補償行為上感到困難，則不必再重複進行反射檢測，透過肌能檢測也能判斷反射是否活性。

◀ 原始反射的整合

　　使用韻律運動去整合原始反射，對於兒童是一個很好的方法，並且也可以用於成年人身上。同樣的運動可以整合多種反射，這是非常實用的。

　　然而，對於年齡較大的兒童，以及特別是成年人，韻律運動有時可能會是一個緩慢的嘗試過程，在這種情況下，進行韻律運動時可以附加其他整合原始反射的方法，以達致更佳的效果。

　　英國心理學家彼得‧布萊斯研發了一套運動，類似嬰兒進行的自發性反射整合運動。然而，這些運動缺乏了韻律的元素，所以不能像韻律運動一樣，對網狀激活系統、肌張力及小腦有同等的影響。雖然這些運動可以幫助整合原始反射，但根據我的經驗，韻律運動能較迅速地把反射整合。

　　另一個更有效整合原始反射的方法是由斯韋特蘭娜‧

瑪斯吉蒂娃所開發的，此方法的原理是以輕量力度的等距壓力強化反射模式。

　　受訓者需要保持一個模仿原始反射模式的運動姿勢，訓練者在不同的指定方向以少於 400 克的等距壓力強化這個反射模式，訓練者需要於受訓者呼氣時施力並維持最少六至七秒的時間及重複三至七次，以達致理想的效果。這套整合方法通常需要重複數次，使反射維持整合狀態。[47]

第八章

跟多動症相關的
一些重要的原始反射

◀ 多動症與殘留的原始反射

　　確診患有多動症的兒童都有殘留的嬰兒反射，從而影響以下功能：姿勢、肌張力、安坐和分辨不相關印象的能力。

　　身體的正面和背部之間的合作是依靠我們站起來及挺直背部的能力。為了發展這種合作關係，嬰兒必須學會於俯臥姿勢提起頭部和胸部，挺直背部，利用雙手及雙腳起立，最後站起來和走路。某些原始反射對於這方面的發展，以及構成足夠的伸肌的肌張力，即挺直身體的肌肉，是至為重要的，這包括緊張性迷路反射、抬軀反射和對稱性緊張性頸反射。殘留的反射導致伸肌較低的肌張力和不良的姿勢，並可能會引起注意力的問題，這是由於網狀激活系統令大腦皮質的覺醒不足。

　　過動的兒童經常會不能安坐，並且總是坐立不安，他們往往有殘留的脊柱格蘭特反射和脊柱佩雷茲反射。兒童容

易受到干擾和於分辨不相關的印象時出現問題，通常都是由
殘留的壓力反射所造成的，如恐懼麻痺反射和擁抱反射。

　　接下來的內容是一些最重要的原始反射，不僅是在多
動症的情況中，它們還會於學習困難和運動能力發生問題的
情況下出現活性的狀態。

◀ 1. 緊張性迷路反射（Tonic Labyrinthine Reflex, TLR）

　　在子宮內，胎兒的姿勢是頭部向前傾，以及雙臂和
雙腿彎曲，這是前傾式緊張性迷路反射的姿勢。反射模式
是，當頭部向前傾時，身軀、雙臂及雙腿會彎曲起來。

　　此反射會在受孕後十二週開始發展，並會於出生後三
至四個月內被整合。

圖六：前傾式緊張性迷路反射

　　後傾式緊張性迷路反射會在出生的時候發展。反射模式是，整個身軀會伸展，頸部、背部及腿部的伸肌的肌張力會增加。後傾式緊張性迷路反射應該於三歲之前完成整合。

圖七：後傾式緊張性迷路反射

　　緊張性迷路反射有助嬰兒適應出生後新的引力狀況，以及給他一種早期的原始反應以面對此種力量（即地心吸力）。頭部每一次向前傾都會減少伸肌的肌張力，頸部、背部和雙腿會彎曲；頭部每一次向後傾都會增加伸肌的肌張力，身體會被伸展。肌張力的變化可以刺激本體覺，反射可以讓兒童練習平衡、肌張力和本體覺。

　　如果緊張性迷路反射沒有得到整合，每一次頭部向後或向前搖動，都會引致肌張力的改變及令兒童在尋找其平衡中心點時感到混淆，這些兒童會難以對空間、距離、深度和速度作出判斷。

活性緊張性迷路反射的症狀

　　有活性前傾式緊張性迷路反射的兒童可能會有以下幾

方面的困難：

- 難以抬起頭部；它通常會向前傾或向側傾（即不是在正中的位置）
- 軟弱的頸部肌肉
- 瑟縮起來的姿勢
- 較低的肌張力及過度靈活的關節
- 難以舉高雙臂和攀爬
- 眼部肌肉的運作出現困難，有斜視的傾向
- 平衡出現問題，尤其是在向下俯視的時候

　　有活性後傾式緊張性迷路反射的兒童可能會有以下幾方面的困難：

- 肌肉繃緊，會傾向使用趾尖走路
- 平衡出現問題，尤其是在向上仰視的時候
- 身體協調方面出現困難

　　如果緊張性迷路反射沒有於童年時被整合，會產生其他的殘留反射。已於童年時整合了緊張性迷路反射的成年人，反射可能會由於頸部、頭部或背部受傷而重新被激活，其症狀包括出現平衡問題和脖子後部感到疼痛。

緊張性迷路反射於多動症及注意力缺乏症的重要性

　　緊張性迷路反射於多動症及注意力缺乏症的患者中大多是活性的。患有注意力缺乏症的兒童，由於有殘留的前傾

式緊張性迷路反射，通常會出現低肌張力及不良的姿勢，經由網狀激活系統傳至大腦皮質（尤其是前額葉大腦皮質）的刺激量不足，導致注意力及集中力出現問題。

　　如果恐懼麻痺反射沒有被整合，緊張性迷路反射便不能得到永久性的整合。如果後傾式緊張性迷路反射及恐懼麻痺反射同是活性，可能會產生身體背部肌張力亢進，從而導致兒童使用腳趾走路。

◀ 2. 抬軀反射（Landau Reflex）

　　嬰兒一直處於俯臥的姿勢，達四週之齡便會開始懂得抬起頭部。一至兩個月之後，嬰兒亦會懂得在抬起頭部時，同時挺起胸部（上抬軀反射）。達四個月之齡，嬰兒會於他們抬起頭部及挺起胸部的同時，開始伸展雙腿，使他們能夠在床上抬起整個上半身軀（下抬軀反射）。

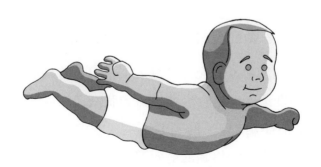

圖八：抬軀反射

　　抬軀反射一般於三歲之齡便能夠得到整合。當反射得到整合，兒童在俯臥時便可以保持頭部抬起，而同時保持雙腿平放在地上。

　　抬軀反射對於整合前傾式緊張性迷路反射是非常重要的，同時於俯臥的姿勢時，它能夠幫助增加背部及頸部的肌張力。當嬰兒可以在床上挺起胸部時，他的手臂會相對自由，於是他能夠伸出雙手拿取物件並放入口中，這可以幫助發展近距離視力。抬起頭部及挺起胸部亦可以使他對環境有更佳的視圖及練習他的三維視野。

　　如果抬軀反射沒有妥善發展，兒童的肌張力，特別是背部及頸部，通常會較差，他們難以於俯臥時保持頭部抬起及胸部挺起。蛙泳對他而言是一項挑戰。

　　如果抬軀反射發展了而沒有妥善整合，兒童的身體下部動作會較笨拙，並會出現雙腿肌肉繃緊及傾向向後伸展，從而引致膝痛，甚至關節炎。身體上部分及下部分難以有效地協調，因為頭部後傾的時候雙腿會伸展。當抬軀反射沒有妥善整合，脊柱格蘭特反射的整合也會受到影響。

抬軀反射於多動症及注意力缺乏症的重要性

　　如果抬軀反射沒有充分的發展，會引致背部的肌張力較低和姿勢不良，這可能會導致經由網狀激活系統傳至大腦皮質（尤其是前額葉皮質）的刺激不足，造成注意力和集中力的問題。由於殘留的抬軀反射而導致脊柱格蘭特反射不能得到整合，孩子便有可能會出現多動及有些時候會出現尿床的問題。

◀ 3. 對稱性緊張性頸反射（Symmetric Tonic Neck Reflex, STNR）

　　對稱性緊張性頸反射於大約六個月之齡時發展，而且存在的時間應該很短。與抬軀反射相似，對稱性緊張性頸反射不是一種真正的姿勢反射，它應該於九至十一個月之齡時得到整合。

　　對稱性緊張性頸反射的反射模式是這樣的：兒童四肢跪下時，當頭部向後傾時，手臂會伸展而雙腿會屈曲；當頭部向前傾時，手臂會屈曲而雙腿會伸展。

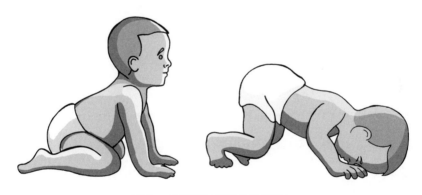

圖九：對稱性緊張性頸反射

　　對稱性緊張性頸反射的整合能幫助強化頸部後方及背部的肌張力，對發展適當的身體姿勢來說相當重要。對稱性緊張性頸反射讓兒童於俯臥的姿勢時能以手腳支撐身體，但在兒童學習利用四肢爬行之前，對稱性緊張性頸反射必須已經被整合到一定程度，使雙臂和雙腳的活動不再取決於頭部的位置。如果對稱性緊張性頸反射沒有得到充分的整合，嬰兒

會律動臀部以四處活動，或只是一直坐着直至能夠提起兩腳及步行。兒童若從來沒有利用四肢爬行，通常會有活性對稱性緊張性頸反射。

當嬰兒跪下四肢着地，並且前後律動時，對稱性緊張性頸反射的整合便會發生。對稱性緊張性反射能改善身體姿勢和上臂的力量，以及幫助兒童訓練他近和遠距離的視覺能力。

未被整合的對稱性緊張性頸反射會導致兒童出現不良姿勢及坐姿不佳，難以保持背部挺直。當坐着在椅子上閱讀或書寫的時候，兒童通常會伏在書本上，為防止這樣的事情發生，兒童會用手托着頭部。為了保持直立的身體姿勢，兒童可能會折疊自己的雙腿，並且呈「W」字形坐着。有殘留對稱性緊張性頸反射的兒童，眼睛調節及對近和遠距離事物聚焦的能力會出現問題，這會導致兒童在玩球類運動的時候不能追蹤皮球的位置。有殘留對稱性緊張性頸反射的兒童，雙眼視覺可能會出現問題。患有閱讀困難的人士，其眼睛調節及雙眼視覺經常會出現問題，這類人通常殘留着這種反射。

有骨盆旋轉的兒童及成人，他們的對稱性緊張性頸反射多數是活性的。若反射被等距壓力運動所整合，旋轉的情況便會減少甚至消失，但這亦視乎是否還受到其他相關的反射所影響。

對稱性緊張性頸反射的普遍症狀，包括上臂會較軟弱和翻筋斗時有困難。兒童也會經常覺得游蛙泳具有相當的挑戰性，因為在同一時間後傾頭部、彎曲手臂和伸展雙腿，會

使他感到困難。由於身體上下部分之間的協調較差,在游泳
的時候,身體下部可能會有向下降的傾向。

對稱性緊張性頸反射於多動症的重要性

　　未被整合的對稱性緊張性頸反射會導致姿勢不良及難
以保持背部挺直。當兒童向下俯視的時候,由於背部肌張力
低,他會把背部彎曲起來(即「寒背」)或伏於桌子上,並妨
礙呼吸,這會導致經由網狀激活系統傳至新皮質及前額葉皮
質的刺激量不足(特別是當孩子感到厭煩及緊張的時候),
繼而導致注意力和集中力出現問題。

◀ 4. 脊柱格蘭特反射(Spinal Galant Reflex)

　　當你觸碰腰間位置的脊柱兩旁任何一方,嬰兒的髖部
便會轉向被觸碰的一方。

圖十:脊柱格蘭特反射

脊柱格蘭特反射在受孕後二十週會開始發展，正常於出生後三至九個月之間完成整合。這個反射的重要性在於讓胎兒進行身體震動和發展前庭覺系統，它亦幫助嬰兒在出生時順利地在產道向下移動。如果這個反射沒有得到妥善整合，便會令兩棲類反射難以發展，從而會導致身體下半部分行動笨拙和雙腿肌肉緊張。

脊柱格蘭特反射未整合的兒童經常會出現焦躁不安及過動。緊身衣著、皮帶或只是在坐着時靠近椅背都可能會觸發反射，並導致兒童坐立不安，大部分未整合這個反射的兒童比較喜歡穿著寬鬆的衣服。某些患有活性脊柱格蘭特反射的兒童可能會經常尿床。如果只有一邊呈活性的反射狀態，可能會造成脊柱側凸。

患有活性脊柱格蘭特的人有時會學懂固定腰椎，而這樣可能會導致他們出現背部問題。腰間脊柱固定及僵直的問題會損害身體上下部分的協調，亦可能影響捕捉自己感覺的能力。

成人和兒童若有殘留反射，可能會出現腰背疼痛和骨盆旋轉。

◀ 5. 脊柱佩雷茲反射（Spinal Pereze Reflex）

脊柱佩雷茲反射是一種原始反射，此反射在出生時出現，並且一般於出生後的三至六個月之間得到整合。利用手

指沿脊柱從尾骨掃向頸部，會使嬰兒抬起他的頭部和臀部，
向後彎曲胸椎，以及彎曲雙臂和雙腿。

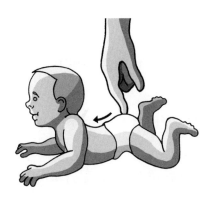

圖十一：脊柱佩雷茲反射

脊柱佩雷茲反射協助抬軀反射及對稱性緊張性頸反射
的發展，並有助嬰兒於六至九個月之間運用雙手和雙膝把身
體抬起來。

未整合的脊柱佩雷茲反射的症狀

這種反射的發展遲緩可能會導致背部缺乏肌張力和造
成低血壓。

殘留的反射可能會引致過度敏感和肌肉緊張，尤其是
胸背。它也可能會造成骨盆旋轉，成年人有時會出現下背痛
和腿部肌肉緊張。

有殘留脊柱佩雷茲反射的人，由於胸背可能非常敏
感，當有人在身後時會感到不適，他們偏向喜歡靠牆坐着或
坐在後面位置，以背部貼地的姿勢睡覺也會感到困難。

此外，其部分症狀跟活性的脊柱格蘭特反射的相同，包括煩躁不安及有時會尿床。

◀ 6. 兩棲類反射（Amphibian Reflex）

兩棲類反射是一種終身的姿勢反射，於嬰兒出生後四至六個月開始發展。

骨盆於一邊提起可使同一邊的手臂、髖部和膝部自動屈曲。兩棲類反射會首先發展於俯臥的姿勢，然後在仰臥的姿勢。

圖十二：兩棲類反射

當非對稱性緊張性頸反射已得到一定程度的整合，以及雙臂和雙腿的活動不再取決於頭部的位置時，兩棲類反射便會開始發展。兒童學會交叉爬行之前，兩棲類反射必須得到發展。此反射可以幫助兒童彎曲雙腿，並利用雙手和雙膝提起身體。兩棲類反射的發展可以幫助脊柱格蘭特反射的整

合。倘若兩棲類反射未能發展，這意味着脊柱格蘭特反射有可能連同非對稱性緊張性頸反射尚未得到整合。

　　未發展兩棲類反射的成年人經常會出現身體下半身表現笨拙和雙腿肌肉緊張。

壓力反射於多動症、情緒問題和閱讀困難的重要性

　　有不同障礙的兒童通常會有活性的恐懼麻痺反射和擁抱反射殘留。處於現今社會高水平的環境壓力下，很多兒童都不能整合這些反射。有這些活性反射的兒童會對感官刺激過度敏感和容易分心。他們的壓力水平偏高，這將影響他們的集中力和學習。因為這些反射不能得到整合，情緒症狀的出現便會十分常見。在閱讀困難方面，這些反射可能會導致視力問題，嚴重妨礙閱讀過程。

◀ 7. 恐懼麻痺反射（Fear Paralysis Reflex）

　　恐懼麻痺反射是其中一種早期的退避反射，它於懷孕第二個月已經出現。退避反射的特徵是，當口腔內受觸覺刺激時，會出現類似變形蟲的急促移動反應。[48] 恐懼麻痺反射的模式恍如一頭驚恐的兔子，在原地完全靜止不動。正常情況下，這種反射會在懷孕後十二週內整合至擁抱反射。如果恐懼麻痺反射沒法得到整合，擁抱反射便會持續處於活躍狀態，在很多的個案中，緊張性迷路反射亦會處於活性狀態。

身體平衡問題因此經常出現。

恐懼麻痺反射並非原始反射,這是因為感官還未完全發展,從而不足以產生任何感官刺激去觸發反射。此反射應被視為胎兒的細胞對壓力作出的反應,不論是遇到有毒物質或是其他威脅,單細胞生物常以逃離危險源的方式應對壓力。可是胎兒的細胞無法做到這一點,所以他們會製造應激蛋白,使細胞膜難以被穿透,並減少通過細胞膜的主動輸送,從而與外界隔絕,免受環境影響。同一時間,胎兒會停止活動及變得癱瘓。

當恐懼麻痺反射出現,神經系統還未得到充分發展,因而不能夠利用神經衝動傳遞反射模式;信息反而會透過細胞之間的電磁頻率直接傳送。觸發反射的壓力因素可以是電磁輻射、重金屬和其他有毒物質。來自母親的壓力也會觸發反射,並阻止其整合。如果胎兒在受孕後最初的數個月期間處於極度緊張的環境,反射可能會不斷地被觸發,胎兒可能大部分時間都會處於靜止狀態,從而阻止反射得到整合。

有活性恐懼麻痺反射的兒童和成年人對壓力的容忍度都很低。他們對於觸碰、聲音、光線或是視野的突變、前庭覺或本體覺的刺激等都會過度敏感,有時這也會發生於嗅覺和味覺。前庭敏感性強或有暈動病傾向的人在進行涉及頭部的韻律運動時會容易感到暈眩不適,在某些個案中,此類運動會觸發反射。當恐懼麻痺反射被觸發後,壓力激素皮質醇和腎上腺素便會被釋放。成年人亦容易患上恐慌綜合症和社交恐懼症,甚至出現高血壓。頸部和肩部肌肉繃緊也是常見

的症狀。

這些兒童和成年人注視着另一個人的眼睛時，通常會感到壓力，而一種常見的症狀是對注視他人的眼睛會感到困難。有些人已學懂作出補償行為，會刻意凝視他人的眼睛而不眨眼。

恐懼麻痺反射的檢測和整合

要檢測反射，可以看着檢測者的眼睛並走向他，兒童往往會將目光移開。學懂對反射作出補償行為的成年人和兒童，可以注視着你的眼睛而又不會自覺地意識到情緒壓力，他們通常會表現出一些不適的跡象，如緊張、咬唇或微笑。

有活性恐懼麻痺反射的成年人和一些兒童，為他們進行肌能檢測可能是較困難的，因為當反射被觸發時，他們很容易出現肌張力亢進的反應。一些有殘留恐懼麻痺反射的人在進行肌能檢測時可能無法鎖定自己的肌肉。

恐懼麻痺反射是一種對壓力作出的細胞反應，就算反射在子宮已被整合，也會因外在的環境壓力再次被觸發。整合恐懼麻痺反射，需要消除使反射觸發的因素，最重要的是減少外在環境壓力，保護兒童免受電磁輻射的影響。還有要注意排除有害的食物添加劑，如味精及阿斯巴甜。在對酪蛋白和麩質不耐受的個案，這些物質應該從飲食中剔除。

透過進行被動式的韻律運動，以及近似胎兒於受孕後最初的數個月進行的動作，恐懼麻痺反射便可以得到整合。這些運動就是克萊爾·霍金（Claire Hocking）所提出的胎兒

運動，根據我的經驗，如果持續每週進行數次這些胎兒運動至少一個月或以上，可以將反射整合。這些運動的有效性説明了類似的運動對整合胎兒的反射是十分重要的。

胎兒運動的效用是出奇地強大，它們最初可能會激活反射，使較敏感的兒童的症狀惡化，特別是那些有食物不耐受或暴露於高水平的環境壓力（如重金屬及電磁輻射等）的兒童，在這種情況下，應該中斷運動和減低環境壓力，然後再繼續運動。依我的經驗，當面對着較大的環境壓力時，如食物不耐受或電磁輻射，胎兒運動通常都不能把反射整合。

◀ 8. 擁抱反射（Moro Reflex）

擁抱反射於受孕後十二週開始發展，到大約三十週於子宮內完成發展，並正常在出生後大約四個月得到整合。如果恐懼麻痺反射未完全整合，擁抱反射的發展和整合便會受到阻礙。因此，當恐懼麻痺反射未被整合時，擁抱反射通常也會保持活性狀態。

擁抱反射是由前庭覺、聽覺、視覺、觸覺或本體覺所受到強烈而不快的刺激而觸發，例如突如其來的頭部位置移動、巨大聲響、嚇人的視覺刺激、不快的觸感經驗或突然的位置移動等。嬰兒會用以下特有的方式作出反應：

• 首先深呼吸，然後雙臂及雙腿從身體向外伸展。

- 手腳屈曲，並向胸前屈曲蜷成一團，然後嬰兒便開始哭喊。

圖十三：擁抱反射

　　在子宮內，擁抱反射運動可以幫助胎兒鍛煉呼吸肌。當助產士觸發新生兒的擁抱反射使他開始呼吸，例如讓頭部稍微向後傾，擁抱反射的反應便會被觸發，嬰兒亦會開始哭喊。於第三十週前出生的早產兒，可能不會出現這種反應，因為反射尚未完全發展。

　　每當擁抱反射被激活，體內的自我防禦系統使會響起警號，交感神經系統和腎上腺都會受到刺激，於是分泌出壓力激素腎上腺素和皮質醇，而腎上腺素會導致感官更加過敏。

　　未整合的擁抱反射會令一個或多個感官產生很多不同症狀：

- 視覺：放大的瞳孔會導致眼睛對光源反應緩慢，導致不良的夜間視力及對光線過敏。觀看近和遠距離物件時會傾向出現斜視眼。

- 聽覺：對各種聲音過敏，難以將背景噪音拒諸門外。
- 前庭覺：對前庭覺刺激過敏，出現暈動病、平衡問題。
- 觸覺：對觸感過敏。
- 本體覺：對突然的位置改變過敏。

　　已整合的擁抱反射及恐懼麻痺反射可能在過多的生理、情緒或環境壓力下被激活，這兩種反射通常會在成年人過度勞累或患上慢性疲勞綜合症時被激活。

第九章

中線反射與閱讀及書寫困難的關係

◀ **閱讀及書寫困難與中線反射**

　　所有在閱讀或書寫時出現困難的兒童都有殘留的原始反射，殘留的原始反射可能會影響大腦兩個半球的協作能力和雙眼視覺。

　　新生兒的動作是同側的，即嬰兒一邊身軀的動作是跟另一邊獨立的，換言之，大腦兩側半球的合作性在這時期是較低的，而大腦兩側半球通過胼胝體的神經連接是未發育的。

　　當孩子學習同一時間運用大腦兩側半球進行活動時，即所謂的交叉動作，例如把物件從一隻手傳遞到另一隻手、肚皮着地或利用手腳爬行，胼胝體的神經連接便會受到刺激。

　　大腦的左右半球有一套特定的分工，負責不同專門的功能。大腦左半球負責語言能力，如分析語言和語音、運用及理解會話的能力。而大腦右半球專門負責理解話語中的情

感表達，以及瞭解上文下理和整體大局。雖然負責語言及言語的區域也位於大腦左半球，但這並不表示我們在閱讀時大腦左半球比右半球重要。腦掃描顯示，大腦兩個半球的活躍程度是相同的。由此可見，良好的閱讀能力是有賴於信息能夠有效地於大腦兩個半球之間通過胼胝體互換。

　　如果孩子有未整合的原始反射，會妨礙大腦兩個半球的協作能力，當原始反射得到整合後，大腦兩個半球之間的信息互換便能開始，這些影響身體兩側的反射便是所謂的中線反射。最重要的中線反射是非對稱性緊張性頸反射，但其他有關手部和腳部的反射也很重要，我會逐一解釋每一種反射的重要性和其影響。

◀ 9. 非對稱性緊張性頸反射（Asymmetric Tonic Neck Reflex, ATNR）

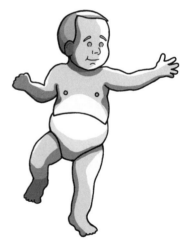

　　非對稱性緊張性頸反射在受孕後十八週開始發展，並且應該於出生後大約六個月整合。

　　非對稱性緊張性頸反射的模式是，當嬰兒把頭部轉向一側時，這一側的手臂和腿部會伸展，而另一側的手臂和腿部會彎曲起來。

圖十四：非對稱性緊張性頸反射

　　胎兒在媽媽體內時，非對稱性緊張性頸反射會觸發踢腳動作，從而給予胎兒本體覺和觸覺的刺激。此反射其中一個任務是協助嬰兒在分娩過程中順利出生，它會使新生兒根據頭部的位置移動手臂和腿部。這些運動是同側的，即是說，孩子的律動只是會於身體的左邊或右邊，不會同時兩邊進行，因此對大腦兩個半球的刺激也是局限於左邊或右邊，而不會同時刺激兩邊。以下逐步變化的動作能幫助孩子整合反射：（1）仰臥躺着；（2）彎曲一邊身體的手臂和腿部；（3）他的視線追蹤自己的手指或腳趾；（4）最終把手指或腳趾放進口中，這是其中一組整合反射的動作。另一組整合反射的動作是：（1）俯臥躺着；（2）抬起頭部和胸部；（3）伸手去抓握東西；（4）然後把它放進口中。通過進行交叉動作，神經信息便可經過胼胝體於大腦兩個半球之間互換，刺激兩個區域的神經連接，從而發生進一步的整合。

　　以上一系列的反射整合運動，亦可訓練嬰兒的雙眼視覺（即雙眼協作的能力）和追視移動物件的能力。

　　如果這個反射未得到整合，孩子於進行交叉動作時或跨愈中線（如爬行）時會出現困難。孩子會走路緩慢，同時，當他的頭部轉向一側時，會容易失去平衡，使得他較難學騎自行車。當孩子把頭部轉向右邊，右邊的手臂和手指會不自主地伸展，使他容易滑落手上的東西或把東西打翻。當孩子書寫時，會就以上情況出現補償行為，他會比較大力握筆而影響其書法。有些孩子在書寫「8」字時會出現困難。

　　未整合的非對稱性緊張性頸反射可能會造成視覺問

題，如雙眼視力不足、散光，有時亦會出現斜視與追視的問題。成年人也有可能出現相同的視覺問題，他們很多時也會感到頸部、肩部、背部和臀部肌肉緊張及疼痛。

◀ 10. 張口反射（Babkin Reflex）

　　輕輕按着嬰兒的手掌會觸發張口反射，然後，他會不自主地張開嘴巴，頭部向前或向側傾，嘴巴開始做出吸吮的動作。當嬰兒吸吮時，你也可以察覺他雙手出現不自主的動作。

圖十五：張口反射

　　當母親以母乳餵哺時，嬰兒的手部動作會刺激乳房。此反射會幫助嬰兒把拇指或物件放進口內。張口反射於受孕後兩個月開始發展，並在出生後的第三或第四個月持續是活性的。

　　當張口反射未得到整合，該兒童的手部運動控制會出現問題。他的手指會過度鬆軟，小肌肉運動技能會受到阻礙，可能於綁鞋帶及扣鈕扣等時遇到困難，以及出現拙劣的書寫技巧。除此以外，兒童會出現言語和發音困難。在書寫、彈奏樂器或使用剪刀時，嘴巴和舌頭經常會出現不自主的動作。有活性反射的成年人其頜骨經常拉緊，他們在睡覺時會有磨牙的情況，兒童則會有咬筆或咬衣服的傾向。

　　由於發音出現困難，左邊頂葉的感覺皮質區域因而得不到適當的刺激，繼而影響了嬰兒的語音能力和使他難以感受聲音。通過張口反射的運動訓練和反射整合，以上情況會得到改善。

◀ 11. 抓握反射（Grasp Reflex）

　　將一隻手指放在嬰兒的手中會觸發抓握反射，嬰兒會緊握手指不放，此時如果你舉起嬰兒，他的手臂便會伸展。

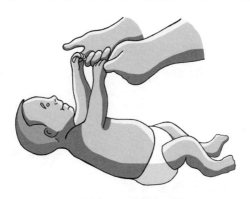

圖十六：抓握反射

　　抓握反射於受孕後三個月開始發展，並在出生後的第一年整合。此反射對於手眼協調、雙眼視覺的發展和大腦兩個半球的協作是非常重要的。嬰兒緊握物件，看着該物件並把它放進口中。隨着嬰兒成長，此反射會進一步幫助他協調雙耳，使他能憑聽覺判斷距離和方向的能力。當嬰兒能夠支撐自己坐在椅子時，他會開始學習投擲東西，同時練習把手張開扔東西的技巧。在此情況下，嬰兒可整合抓握反射，並同時從物件擲在地上時發出的聲音，學習判斷距離和方向。

　　如果抓握反射未得到整合，兒童會出現手部運動控制困難、拙劣的書寫技巧和較差的小肌肉運動技能。執筆姿勢會呈現異常，通常會傾向過於大力握筆。活性的抓握反射會導致肩部過度繃緊和出現書寫困難，成年人則通常會難於分辨手部和肩部的動作，其中一個例子是，當手握高爾夫球桿要擺動球桿時，無法將之緊握，便會把球和桿同時一併扔掉。

◀ 12. 手拉反射（Hands Pulling Reflex）

　　握着嬰兒的手腕，並把他向你拉近，這便會觸發手拉反射，接着，嬰兒會彎曲雙臂以幫助自己起身並坐起來。

　　此反射於受孕後二十八週出現，一般在出生後兩至五個

圖十七：手拉反射

月整合。

出生後兩個月,抓握反射會與手拉反射結合,它們開始變為單一組件運作。此時,當你把你的手指放在嬰兒的手掌中,他會緊抓着你的手指並彎曲雙臂,這樣你便可以幫助他起身坐起來。這兩個反射能夠讓嬰兒學習如何利用雙手處理身邊的物件,把它們拉向自己、放在口中及扔掉等,同時也可協助張口掌頷反射的整合。

活性的手拉反射也會對書寫構成負面影響,主要是因為它會導致前臂肌肉出現緊張的情況。有些人肘部會經常出現彎曲的情況,有些人則剛好相反,很難使肘部彎曲。成年人前臂肌肉緊張會導致肘部出現如「網球肘」的問題;兒童習慣每當興奮時拍動前臂,則代表此反射多數是活性的。

◀ 13. 巴賓斯基反射(Babinski Reflex)

巴賓斯基反射在出生後的第一個月開始發展,並會於兩歲左右完全整合。

當你利用一枝筆沿着嬰兒的腳掌外側部分,從腳跟掃向小腳趾,大腳趾會伸展,其他腳趾亦會展開。

巴賓斯基反射於雙腳預備走路時扮演重要的角色,它會影響

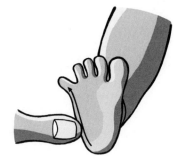

圖十八:巴賓斯基反射

雙腳、雙腿、臀部和腰椎活動的能力。總括而言，它對身體下半部分的肌張力的發展十分重要。還未發展巴賓斯基反射的孩子，往往會出現扁平足、走路緩慢和不願意走路。他們傾向利用腳掌內側走路，因此他們的鞋子內側部分會出現破損。他們的足踝較鬆，因此容易扭傷。

如果此反射已發展但未整合，孩子會傾向利用腳掌外側走路，所以他們的鞋子外側部分會出現破損。當他們長大後，他們的雙腳和雙腿會出現繃緊的情況。

◀ 14. 足蹠反射（Plantar Reflex）

當你利用拇指按着嬰兒腳趾與足弓之間的足底肌肉時，他的腳趾會屈曲起來。足蹠反射會於嬰兒受孕後十一週出現，並在出生後七至九個月整合。

跟張口反射一樣，足蹠反射是屬於抓握反射的一種，而抓握反射被認為是人類演化早期階段的殘存部分，新生兒

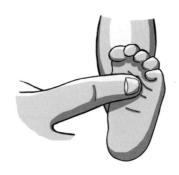

圖十九：足蹠反射

需要緊依着母親，才能獲得安全感。在許多哺乳動物中，張口反射和足跖反射的作用是輔助嬰兒進行母乳哺食。

　　未整合的足跖反射會導致頜骨拉緊並有咬牙或磨牙的情況，如同張口反射一樣，這會影響發音和語音能力。足跖反射的運動訓練可改善上述情況。

　　在一般情況下，殘留的張口反射和足跖反射會同時於兒童出現，很少機會只出現其中一種。如果它們同時出現，便需要把它們都整合來改善發音和語音的能力。

案例報告：托馬斯

　　托馬斯的媽媽在他十一歲時開始與我聯繫，她很關心托馬斯的情況，並曾經試圖幫助改善托馬斯的運動問題和學習障礙。雖然一位兒科醫生曾轉介他前往復康診所，但復康診所認為他的問題並不嚴重，不需要繼續跟進。

　　托馬斯是一名經歷三天產程才出生的孩子，他的眼部發育和運動能力發展都是遲緩的。他在兩歲時才開始學習走路，並在四歲時才開始學習說話。他在八歲時開始學習騎自行車，但仍然感到困難，尤其是騎自行車上山坡時，他經常需要下車及以走路代替。

　　整體來說，托馬斯的身體十分虛弱，他的母親形容，他走路上山坡十分緩慢，有如八十歲的老年人。他

從來也沒有氣力拿重的東西。當他和母親一起出外散步時，他的母親往往要停下來等他。他從未學習游泳和溜冰。他行為笨拙，常常跌倒。他喜歡摔跤，可是因為不懂控制力度而常常不慎傷害到他人。他常常表現出焦躁不安和難以靜坐，此外，他很容易發脾氣和沒有毅力。他有十分嚴重的閱讀困難，視光師給他配製了眼鏡。他的書寫十分差劣和只會用大寫的英文字母。

托馬斯的第一次到診

於第一次到診時，托馬斯是非常沮喪的。他不相信他會有任何形式的進步，以及沒有對改善問題抱有任何希望，所有事情對他來說也是無聊沒趣的。他已經厭倦母親帶他四出求醫但沒有一個人可幫助他，他表示不願再留在診所這裏及想立即離開。

我回答他，我理解為何他認為自己身處一個絕望的處境，並指出他的想法有可能是正確的。可是，我表示他必須證明給我看，我才會信服他的想法。我向他示範了一些運動，要他每天練習，如果他進行這些練習至少一個月也沒有看到任何正面的效果或變化，我就會同意他的觀點，即他的確是一個令人絕望的個案。托馬斯不情願地同意了我的建議。

在我向他示範運動之前，我檢測他的視力和一些原始反射。檢測後，我發覺他的雙眼有視覺問題，於閱讀

距離出現內隱斜視，需要配戴眼鏡糾正。還有，他有縮背和肌張力低的情況。緊張性迷路反射、脊柱格蘭特反射、對稱性緊張性頸反射和非對稱性緊張性頸反射也是未整合的，而他的抬軀反射是還未發展出來的，因此當他在俯臥時，很難把頭抬起來。

我要求他在一個月後回來覆診之前，每天都需要練習我示範給他的一些簡單的韻律運動，而他也答應了我的要求。

托馬斯在進行韻律運動訓練期間的進展

在覆診前幾天，托馬斯的母親致電給我，告訴我托馬斯每天也有進行練習，而且十分喜歡這些運動。她還對我說，她初時以為我是跟她開玩笑，因為她覺得這些運動好像太簡單，但當她見到托馬斯的改變後，她便明白到這些運動的用處。

托馬斯繼續每天進行一段短時間的運動，持續了一年多的時間，他每月都覆診一次，以糾正他的韻律運動動作和學習新的運動。他主要進行韻律運動去整合反射，在開始韻律運動訓練之後不久，他發了幾天的高燒，經過幾個月的練習後，他變得更加開朗和有耐性，不再隨便發脾氣。

經過三個月的訓練，他感到自己比之前強壯，他的母親留意到他的注意力有所提升，不能靜坐的問題也有

明顯改善。她能以一種新的方式跟他說道理,他的抽象思維已開始建立。之後的幾個月裏,他變得更強壯和更主動,耐性有所改善,沒有那麼容易感到疲倦。現在,他能夠騎自行車,甚至騎 15 至 20 公里也不成問題,還能追得上他的母親。

　　經過八個月的韻律運動訓練,他的閱讀能力也有改善了;此外,他閱讀時再不想配戴他的眼鏡。當我再一次檢查他的視力時,他的雙眼視覺已發展良好,在閱讀時已不再需要配戴眼鏡了。再過一年多的時間,他為能看完一整本《哈利波特》而感到驕傲,他的書寫也有明顯改善,還學會了溜冰。現在的托馬斯已經是一個活潑、開朗、有耐性及能夠安坐下來的孩子了。

第十章
邊緣系統和韻律運動

◀ 邊緣系統或哺乳動物大腦

　　邊緣系統長於哺乳動物的大腦中央位置，所以亦稱為哺乳動物大腦。邊緣系統最重要的任務是控制情緒。

　　邊緣系統的發展反映了情緒對於哺乳動物的社會組織與物種生存的重要性，而這個作用於爬蟲類並不顯見。

　　爬蟲類多為卵生。除了鱷魚之外，牠們產卵後都不會照顧幼兒，幼兒只能完全靠自己生存，甚至有些物種的幼兒要小心以防被父母吃掉。

　　相反，哺乳動物是胎生的。幼兒未能掌握自立謀生能力之前，都需要倚賴他人照顧。

　　哺乳動物以乳腺哺育下一代，牠們會保護後代，當牠們的幼兒感到飢餓、寒冷或處於險境的時候，牠們都能作出適當的反應和提供協助。後代能夠存活的先決條件是得到父母或母親的照顧，而母愛也成為了物種生存的前提。

　　幼兒要存活，先決條件包括能夠吮吸食物和依賴母親的體溫取暖。另外，學懂向母親示意求救亦相當重要。一窩幼

兒的誕生意味着家族的發展，幼兒藉着父母分享他們的經驗和知識來學習；透過玩耍，幼兒可學懂社會規範、與兄弟姊妹相處，並訓練狩獵及其他謀生能力，以準備踏入成年期。

◀ 邊緣系統的功用

邊緣系統對於生存有不可缺少的重要性：首先它能調節內在環境，其次它能主導個人與周遭環境互動的關係。邊緣系統依靠從觸覺、本體覺、前庭覺、聽覺、視覺、味覺及嗅覺等各種官能收集的信號，以接收外界的資訊。

經由迷走神經傳遞至邊緣系統的信號是同樣重要的，這些信號來自胃部、腸部和心臟等體內器官，提供了體內環境的情況。

當我們的外在感官意識到自己正受環境威脅時，邊緣系統便會受到刺激。我們有不同的應對方式去消除威脅，例如會出現恐懼或逃走，或是以侵略反應作出攻擊。當我們到達安全範圍的時候，才會再感到平靜和鎮定。

當邊緣系統接收到來自體內器官有關需要食物和水的信號時，我們便會感到飢餓或口渴並作出相應行動。我們飢餓和口渴時感到的不安，在食慾得到滿足後便會變為有歡愉的感覺。

換句話說，邊緣系統接收信息再轉化為情感，而這些情感在某些情況下對我們的生存是十分重要的。

　　然而，邊緣系統不止會受我們內在或外在的感覺器官所刺激，我們的思維亦會喚起情感。憶起不愉快的處境會使我們感到擔憂和不安，好像有一塊大石頭壓在胸膛。反之，想到愉快的回憶時我們會感到快樂和滿足。

◀ 邊緣系統的概覽

　　以上提及的行為皆由哺乳動物發展出來的大腦新部分所控制，亦即邊緣系統，或稱為哺乳動物大腦。

　　邊緣系統一詞源於邊緣葉或扣帶回皮質，它的位置像一個邊緣包圍着腦幹和爬蟲腦。根據麥克林的理論，扣帶回的功用是控制母性行為和玩耍。

　　顳葉的前端部分以及額葉的下側部分也屬於邊緣系統。顳葉的兩大骨幹結構分別為杏仁核（位於顳葉的前端）及海馬體（位於顳葉的中央、長在扣帶回下方的拱狀物）。

　　杏仁核對於掌控憤怒及恐懼的情緒、防禦及攻擊的反應，以及食慾和性慾的滿足，尤其重要。海馬體掌管我們的情景記憶，即是個人經歷事件的記憶，以及負責我們個性的經驗。這是學習過程不可缺少的一環，因為海馬體也會同時負責把短期記憶轉化為長期記憶。海馬體另一個非常重要的功用是製造幹細胞，而幹細胞最終會發展成為新的腦細胞。

　　由於邊緣系統與其他重要的神經核連接，例如中腦（腦幹的上部）內的腹側被蓋區，它會受到網狀激活系統所刺

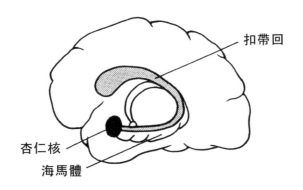

圖二十：邊緣系統的概覽，包括杏仁核、海馬體和扣帶回

激。這些神經連接從腹側被蓋區開始至邊緣系統，最後到達前額葉，這條通道的神經元之間的傳遞物質，則稱為多巴胺。邊緣系統必須跟前額葉緊密合作，情況如同運動皮質須和基底節緊密協作一樣。如果邊緣系統不能與前額葉保持緊密的連接，我們便不能有效地調控我們的情感。

下丘腦緊密連接邊緣系統，它的功用是作為體內環境的控制中心，用以調節體溫、自主神經系統和激素系統。

◀ 嬰兒如何處理壓力

剛孵出的爬蟲類並沒有父母照顧，所以必須自力更生才能生存。新生嬰兒和哺乳動物則是完全倚賴母親才得以存活。

若然哺乳動物幼兒遇到外來威脅，便會觸發擁抱反射，牠們會依附及緊貼着身旁的母親，或是以哭泣及尖叫的

方式吸引母親的注意。

　　嬰兒出生時如果未有呼吸，助產士會觸發他們的擁抱反射。嬰兒首先會深呼吸，雙臂及雙腿向身體兩邊伸展，跟着手腳會向身體中央屈曲收到胸前並使之蜷成一團，然後嬰兒便會開始哭喊。

　　擁抱反射亦稱為依附反射，它對於新生哺乳動物的存活是相當重要的。透過依附及緊貼着母親，年幼動物得到了保護，如果母親不在身旁，便會以哭泣或尖叫的方式吸引母親的注意。

　　當擁抱反射被激活後，孩子便會開始哭起來。這時候，孩子必須依附或擁抱他的照料者，此反射才會得到整合。父母本能地把他們正在哭喊的嬰兒抱起擁入懷中、搖動他和抱着他，直到他平靜下來，這時，擁抱反射便會得到整合。

　　但是，若然恐懼麻痺反射未完全整合的話，嬰兒可能會有嚴重的前庭覺及觸覺敏感，當父母擁抱及搖動嬰兒時，便會觸發此反射被激活，這會促使腎上腺素分泌，導致嬰兒的觸覺和前庭覺更加敏感，這時嬰兒會拒絕被擁抱及搖動，從而使擁抱反射不能被整合。

◀ 觸覺和前庭覺刺激幫助情緒發展

　　為使嬰兒敢於探索世界及與外界互動，他們需要時常

有成年人陪伴，這樣當他們感到焦慮及惶恐的時候，才容易變得安心和回復平靜。

心理學家哈利·哈洛（Dr. Harry F. Harlow）於二十世紀五十年代時進行了一項以猴子為對象的研究[49]，研究發現觸覺的刺激對我們的情緒發展有十分重要的影響。他將新生的恆河猴幼兒與母猴隔離，改以「人造母猴」代替。實驗分為兩組，第一組的人造母猴用純絲網製成，另一組的人造母猴同樣是用純絲網製成，不過網上被蓋了一層毛巾布。結果發現，小猴會爬上被蓋上毛巾布的母猴上，緊抓着及擁抱，情感上也比較依附這「母猴」。這些小猴勇於探索周遭環境，一旦受驚便會跑回「母猴」身邊，觸碰「母猴」便會感到安心。然而，跟隨純絲網母猴的小猴並沒有產生類似的情感依賴性，即使人造母猴安裝了奶瓶，能提供食物給小猴，小猴也無法從這樣的「母子關係」中取得安全感。

單靠舒適的觸覺刺激並不足以使初生哺乳動物建立自信，前庭覺的刺激亦不可缺少。當母親抱着幼兒走動時，幼兒可得到前庭覺的刺激。哈洛進行了另一個類似的實驗，他讓一群小猴幼兒分別跟隨兩組被蓋上毛巾布的人造母猴，一組的「母猴」會搖晃擺動，另一組則靜止不動。跟隨靜止不動的「母猴」的小猴比較害怕探索周遭環境，而且對於不熟悉的處境會過度反應，另一組的小猴則沒有出現此類異常的狀況。[50]

◀ 未整合恐懼麻痺反射和擁抱反射帶來的情緒問題

擁抱反射於受孕後十二週開始發展，到大約三十週完成發展，並正常在出生後大約四個月得到整合。如果恐懼麻痺反射未完全整合，擁抱反射通常也會保持活性狀態，這些孩子便會活在長期內在壓力之中，並會對外在的感官印象產生過敏反應。每當恐懼麻痺反射和擁抱反射被激活，體內的自我防禦系統亦會響起警號，交感神經系統和腎上腺都會受到刺激，於是分泌出兩種壓力荷爾蒙：腎上腺素和皮質醇，而腎上腺素會導致感官（如視覺、觸覺、前庭覺等）更加過敏。

在這個持續的內在壓力的環境下，這些孩子會封閉自己和拒絕所有他們不能處理的外來感官印象。跟哈洛的猴子幼兒研究一樣，他們會害怕不熟悉的處境，而不敢探索世界。其中有些會極度害羞，甚至不會與父母以外的人交談，這稱為「選擇性緘默症」。其他症狀包括適應力較差和缺乏靈活性，以及強迫症等。有些孩子則表現消極、反叛和作出攻擊行為，發脾氣也是常見的。

他們與同齡的孩子社交接觸時經常會缺乏自信。由於他們缺乏內在安全感，當他們面對常規的轉變和跟他們一貫的作風不同的事情時，或者需要自發地及靈活地給予反應時，他們便會經常表現出焦慮，並出現情感爆發。這種缺乏情感上的安全感和靈活性，使他們需要操縱或支配他們的玩

伴;當他們受到過度的刺激時,可能會變得非常疲倦及需要休息,很多時放學後便需要睡覺。

有些情況當恐懼麻痺反射和擁抱反射仍是活性時,這些孩子會對刺激前庭覺的韻律運動產生過度反應。在這情況下,只宜輕度地進行這些運動。

當恐懼麻痺反射是活性時,為免出現不必要的情緒反應,治療時通常會於整合擁抱反射之前,先整合孩子的恐懼麻痺反射。

◀ 攻擊和防禦行為與護腱反射

擁抱反射是一種原始反射,是由腦幹控制的。它理應於四個月大之前完成整合,然後由戰鬥及逃走的模式所取代,而根據麥克林的說法[51],這種模式是由邊緣系統所主導,或者更準確地說,是由杏仁核所主導。

當我們受驚時,血壓會升高,骨骼肌的血流量會增加。跟擁抱反射的情況相似,我們的身體會分泌壓力荷爾蒙腎上腺素和皮質醇。通過邊緣系統,這些過程會引發恐懼和侵略性的情緒。戰鬥及逃走的模式包含交感神經系統、激素系統及骨骼肌的活動過程,當我們準備戰鬥或逃走,我們會深吸一口氣並屏息,然後橫膈膜、胸部和頸部的呼吸肌會出現收縮。

護腱反射(tendon guard reflex)是一種防禦機制,當戰

鬥及逃走的模式被激活時就會啓動，以保護肌腱和肌肉，以免它們過分緊張。當機制啓動時，身體的姿勢會出現變化，屈肌會收縮，小腿肌肉會縮短，雙膝會彎曲及被鎖定，而且身體會從腳趾位置上升。與此同時，頸部和背部肌肉會收縮，以保持身體以挺直的姿勢站立。

　　我們可能不想了解恐懼和進攻性的感覺，所以我們刻意抑制這些感覺。然而，身體無論如何都會作出反應。持續活在壓力下的人，會對內在器官或骨骼肌出現的症狀作出反應，他們的肌肉一般會變得過於繃緊。

　　威廉·賴希（Wilhelm Reich）創造了一個術語「肌肉鎧甲」，來形容當我們抑制焦慮和憤怒的情緒時，我們的呼吸肌和橫膈膜收縮的情形。當我們收縮呼吸肌時，胸部會擴張，橫膈膜會收緊。胸腔的擴張和腎上腺素的分泌，可能會導致持續承受壓力的人患上高血壓。[52]

◀ 邊緣系統和記憶

　　前文已經指出，爬蟲類自孵化後便有一種自立的技能以求生存。另一邊廂，哺乳動物自出生以來比較無助及需要被照顧，他們在自立之前皆有很多東西需要學習，而他們是透過模仿父母以及和兄弟姐妹玩耍來學習。

　　為了記着學習了的一切，哺乳動物的身體結構上已經發展了一種新的記憶模式：「情景記憶」，它是一種由海馬體

主導的記憶模式。不少個案已經證實，海馬體受損害會導致
記憶力減退，甚至遺忘記憶，而受影響最嚴重的主要是一些
親身經歷的事件的記憶。因此，已經有不少推斷指出，海馬
體（至少在最初階段）在我們個人記憶的發展中擔當着重要
的角色。

　　這些個人經歷的回憶，讓我們樹立自己的個性，建立
自己的價值。這些記憶不僅是我們曾經看到的、聽到的和感
覺到的事件，亦是我們可以與他人分享的事件。同樣重要的
是，這些回憶也包含我們面對這些事件時曾經產生的感覺和
思想。

　　海馬體會以不同方式，包括通過視覺、聽覺、觸覺、
味覺和嗅覺接收外在環境信息，以及通過迷走神經接收內在
環境信息。可以說，海馬體對我們的個體意識起着重要作
用，因為它能把外部和內部的信息綜合起來。

◀ 玩耍對於記憶與神經細胞生長的重要性

　　當我們與周遭環境互動，並把記憶儲存於海馬體的時
候，我們的大腦會產生變化。大腦接收愈多信號，便會發展
出愈多在神經細胞之間的神經網及突觸。

　　過往有一些小老鼠的實驗證明，外界刺激對於大腦的
發育非常重要。一組小老鼠在惡劣的環境下被培育，他們
各被獨自安置於設計簡單的籠子裏，只能受到很少的感官刺

激；而另一組則是一同被培育於一個甚多外界刺激體的環境，那裏有迷宮、跑步機、梯子和其他每天更換的玩具。

心理測試證明，在受到較多刺激的環境中長大而又有群體生活的一組，比另一組的小老鼠更聰明。他們的皮質比較厚及有較多的突觸，他們的海馬體裏的神經細胞亦有更多的突觸。

還有一個重要的觀察是，只有能夠參與群體生活的小老鼠才會發展出大量的突觸，而在只是允許觀看而不可參與群體生活的小老鼠中，則沒有發現同樣的變化。[53]

由此，人類的大腦相信會以同樣的方式作出反應——有不少證據表明它確實是這樣的。從這些實驗中可以得出的一個重要結論，就是必須讓孩子有更多機會，透過玩耍和四處走動去刺激和組織他們的大腦，而對於嬰兒和幼兒來說，這一點尤為重要。在嬰兒時期，神經網和腦細胞的生長速度都較在其他任何階段為快，家長們不要期望只將孩子放置在嬰兒學步車觀看周圍發生的事情，便已經足夠刺激孩子，或者使他們的大腦得到良好發展；而把孩子放在播放有關愛因斯坦或巴赫的節目的電視機前更是無用的，別以為這樣就可以將孩子孕育成小天才。兒童要發展他們的智力，需要玩耍和四處走動，以及快樂地活動，因為兒童在玩耍的時候學習效果會更佳。

壓力會削弱學習效能和記憶，處於壓力下的小老鼠比起沒有壓力的失去更多海馬體細胞。在受壓力的情況下，大腦會產生腦髓（或稱腦啡），這些物質可舒緩疼痛，但也會

損害記憶力和增加過度活躍的機會。

◀ 玩耍、想像和內在圖像

不同於爬蟲類，哺乳動物是會玩耍的。麥克林[54]發現邊緣系統裏的扣帶回，會調節母親照顧自己後代的能力和幼兒玩耍的能力。在一個小老鼠的實驗中，當大腦的這一部分被刪除，小老鼠會開始表現得像爬蟲類一樣，即是母親不再關心他們的幼兒，以及幼兒會停止玩耍。

老鼠和猴子的玩耍模式有許多共同的特徵，大多都是與跳躍、追逐和摔跤等動作有關，這正與兒童玩耍時的情況類似。

兒童亦喜歡玩「扮演」遊戲，有些兒童會扮演母親、父親或玩其他富想像力的遊戲，多於和其他兒童玩耍。這些遊戲是由他們運用內在的圖像和聯想力架構出來的。跟情感相類似，我們的內構圖像是由邊緣系統架構出來，與我們運用雙眼觀看世界的影像並不一樣。

當我們為孩子讀童話故事時，會同時刺激他們去構造該故事的內在圖像和體驗故事中角色的各種情感，從而刺激了他們的創造力。很多時，孩子會要求父母重複又重複讀他們心愛的童話故事。有些孩子會把他們曾聽過的故事，加上他們的自我創造及幻想等，變成獨特的故事去說給他人聽。童話故事內的繪本語言能刺激大腦邊緣系統的語言，也就是

富創造性、充滿夢想、精神性和富藝術性的語言，這種內在語言是兒童和成年人的想像力和創造力的基礎。

◀ 感覺愉悅與運動功能的發展

愉悅和不適的感覺是誘發嬰兒開始活動和體驗的因素。愉悅的感覺是從母乳餵哺、母親的關懷照顧和溫柔觸碰、擁抱及搖曳等動作之中感受到的。當孩子的運動功能開始發展，玩耍和探索環境便成為尋求快樂之源。

孩子苦惱的時候，可能會傷害自己；而日後倘若他遇到某些障礙，或是得不到他想要的東西時，他則會表現得異常憤怒。可以說，邊緣系統的連接與運動功能的發展其實都是環環相扣，有着非常密切的關係。

如果嬰兒因為被忽略和缺乏觸覺刺激而感到不快樂，他便會失去四處走動或探索的意欲，他亦會獲得較少的前庭覺刺激，進而導致運動功能不能發展，以及原始反射難以被整合。這樣，與運動有關的爬蟲腦就不能妥善連接，邊緣系統亦然。

新生兒是要完全依賴他的母親；當孩子發展出他的運動功能，他會變得愈來愈獨立，不再完全依賴母親作為尋求快樂和滿足需求之源。孩子學懂的愈來愈多，他便會瞭解何謂快樂、不快，甚至痛苦。

◀ 嬰兒運動與邊緣系統的整合

孩子約二至三歲的時候，邊緣系統理應發展成熟，然後孩子的個性就會開始樹立及成形，這會在他們出現「自信」或「反叛」的時期發生，其時他們學會了說「我不願意」、「我就是不想做」、「媽媽很傻」等這類字句。

孩子若要發展大腦邊緣系統的神經網，他們也需要進行自發性的嬰兒運動，從而發展其運動能力。

有嚴重運動殘障或自閉症的兒童，通常也不曾經歷上述的階段：有嚴重運動性殘障的兒童會一直依附着母親，而自閉症的兒童則失去情感依附的能力，或從來沒有發展該能力。有較輕微運動障礙的孩子，出於某種原因，一直沒能整合他們的原始反射和發展其姿勢反射，總會出現一些由於邊緣系統功能缺陷而引起的情緒問題。

有運動殘障的兒童的邊緣系統沒有從本體覺、前庭覺和觸覺得到足夠的刺激。此類刺激是經由網狀激活系統傳送至中腦（腦幹的上部）內的腹側被蓋區，這種刺激從中腦傳遞至邊緣系統的不同部分，而最後會被傳送到前額葉皮質。

邊緣系統與前額葉皮質之間的神經網需要得到充分的發展，令邊緣系統能夠與前額葉皮質聯合成為一個單位一起工作。將這些信號由中腦傳送至邊緣系統及前額葉皮質的神經元，需要使用多巴胺作為傳遞物質，因此這個系統亦被稱為「多巴胺系統」。

◀ 邊緣系統功能缺乏的症狀

有些孩子表面上看似沒有運動問題，但卻又從未經歷反叛時期，他們通常都有殘留的恐懼麻痺反射和擁抱反射，這或許可以解釋為何其邊緣系統還未妥善地連接。這些孩子部分可能會表現出非常害羞，當他們年紀更大時，便會發覺說「不」也是一件非常困難的事情，他們有時更自覺地有一種強迫性的需要去取悅他人。他們對周邊世界缺乏好奇心，有時可能會騷擾其他在嬉戲的兒童，並難以與別人社交互動。他們可能不願意被觸碰或被粗魯對待，也可能顯得缺乏情緒反應或表現出情緒衝動，甚至可能患上抑鬱症或大發脾氣。他們不一定有注意力或學習上的問題，有時甚至可能在學校表現良好，成績優異。

邊緣系統整合性不足的孩子還會有其他的情緒問題：他們在三歲的時候可能已顯現出誇張的挑釁行為，又或者會脾氣爆發，有些孩子在他們的童年時期已經有非常反叛的性格，而這種反叛性格很可能會被帶到成年階段，這些孩子的恐懼麻痺反射和擁抱反射往往皆未被整合。

◀ 邊緣系統功能缺乏引起的運動問題

在托馬斯的案例報告中，抑鬱症狀往往出現於爬蟲腦未妥善連接的兒童身上，例如患有注意力缺乏症或多動症

的兒童。患有多動症的兒童，抑鬱症狀可能早至四歲便已經出現，而於七歲也很常見，更甚的是十歲的孩子有可能已出現自殺的念頭。無精打采及抑鬱通常伴隨着一般的疲勞、姿勢不良、衰弱和低肌張力等生理問題。當然，專注力問題也十分常見。

兒童出現上述提及的情緒問題，都會有爬蟲腦整合性不足和大腦皮質覺醒力不良的相關特徵及症狀；例如，他們可能有殘留的活性原始反射，或者他們的肌張力可能較低。自動式及被動式的韻律運動能夠刺激大腦邊緣系統的神經網生長，並改善其功能，這樣可以提高自信和主動性，減少衝動和情緒爆發，但同時也可能引起其他的情緒反應。

運動問題往往與情緒問題息息相關，從身體上下部分協調不足的兒童身上便可以得知。這類孩子未必能夠自由獨立地移動自己的下半身，他們亦傾向在任何動作中也連帶地移動脖子和肩膀，這種能力上的不健全是由於控制腰椎區間的動作出現了問題。

另一個造成身體上下部分的協調不足的原因可能是殘留的反射所致。如果對稱性緊張性頸反射沒有得到整合，頭部向前或向後的動作便會影響下半身的肌張力，使它們無法獨立地移動。缺乏自信的人通常都是沒有整合對稱性緊張性頸反射的。

◀ 連接邊緣系統出現的反應

　　如前所述，有嚴重運動殘障的兒童由於其邊緣系統沒有接收足夠的刺激，以致不能妥善地連接起來。運動問題不太嚴重的孩子有時可能會出現邊緣系統和前額葉皮質的功能不良問題。對於正在進行韻律運動訓練的人，出現情緒和生理反應及夢境可能表示韻律運動訓練使其邊緣系統的神經網得到了更佳的發展，以及更有效地連接起來。這些過程會使他們在情感、行為甚至激素平衡上都出現變化。

　　當上述這些兒童剛開始進行韻律運動訓練的時候，他們很可能會出現一段反叛、反抗或退步的時期，他們會變得有很多要求及非常幼稚，例如會徘徊在母親身邊並要求坐在她的膝上。他們可能不敢獨自睡覺，或會出現可怕的夢境，有時又會難以入睡。在罕見的個案中，他們的情緒爆發問題更會變得惡化。他們希望得到更多的關注和支持，渴望父母給予比平常更多的關注。這種現象對於未經歷反叛年齡的孩子尤其明顯。進行了韻律運動訓練一段時期之後，他們會開始抗議和反對一切，這使他們難以繼續完成韻律運動訓練。

　　這些反應相當於正常兒童情緒發展的關鍵時刻。緊接這個時期出現的是孩子的情感發展期，他們會變得更加自信、平靜、快樂和獨立，而且更少出現衝動的情緒。

　　成年人在進行韻律運動訓練時也可能會出現情緒反應。有些人可能會感到沮喪，無故地哭起來。常見的反應

亦包括感到惱怒或生氣，有些成年人表示覺得自己返回反叛年齡，想抗議和反對身邊的一切。

進行韻律運動訓練出現情緒反應的原因

有些殘留了恐懼麻痺反射的孩子在進行韻律運動時，會對前庭覺或本體覺產生的刺激出現過敏反應，這是運動觸發了他們的恐懼麻痺反射的結果，他們在進行韻律運動之後可能會出現嚴重的情緒反應，當中包括發脾氣、反抗或出現強迫性的行為等。其原因可能是大腦皮質受到過度刺激、谷氨酸受體被激活、谷氨酸的積累等，下一章會作詳細解釋。在許多情況下，他們對麩質和酪蛋白出現的不耐受會令這些症狀惡化。在這時，透過無麩質和無酪蛋白的飲食會令情況改善。

因情緒長期處於緊張和情感抑壓（如悲傷、憤怒或焦慮等）所造成的肌肉繃緊得到放鬆時，也可能導致我們在進行韻律運動訓練期間出現一些情緒反應。當被抑壓的情感開始釋放，我們的「肌肉鎧甲」和防禦姿勢也會開始放鬆，因此我們便會出現煩惱或抑鬱的反應。

每當我們感到害怕或生氣時，我們的雙腿、臀部、背部、肩部和頸部的肌肉會收縮，這是戰鬥及逃走反應或驚跳反射的生理形態。此外，橫膈膜和胸部的呼吸肌也會收縮。隨着這些肌肉的緊張得到放鬆，呼吸和血液循環也會得

到改善。

　　長期肌肉緊張和呼吸不暢順往往會使身體積聚毒素。隨着緊張釋放，身體的毒素也會隨之減退。一些生理反應會幫助排除這些毒素，包括咳出黏液、腸胃氣脹、噁心、腹瀉、皮疹、皮膚搔癢、發燒、發寒、眼睛發脹、頭痛、疲勞和虛弱等。衝破生理及情緒上的阻塞，這會在我們的夢境反映出來，當我們釋放呼吸肌或橫膈膜的肌肉緊張，接觸被抑壓的情感時，夢見爬蟲類和哺乳動物是十分普遍的。

　　每個人在進行韻律運動訓練後出現情緒反應的成因，都是以上各因素的混合體。一般的經驗法則是，於人生中面對愈多的情緒壓力及抑制了愈多的感覺，進行韻律運動訓練後出現的情緒反應便會愈大。一些人因運動功能不良以致得不到足夠的前庭覺和本體覺的刺激，從而使邊緣系統不能妥善地整合，他們也會出現強烈的情緒反應。此外，有殘留的恐懼麻痺反射或食物不耐受（尤其是麩質和酪蛋白）的兒童也會出現很大的情緒反應，除非他們能夠進行合適的飲食。

◀ 如何處理韻律運動訓練後出現的情緒反應

　　當孩子們在接受運動訓練期間出現各種情緒反應，他們可能會開始有微言和不想繼續練習。當這情況發生時，他們更需要得到觸覺和前庭覺的刺激，例如按摩和搖晃的活動。

　　在這個階段，孩子需要能夠整合自己的情緒。這個階

段可以稱為鞏固期，孩子的大腦需要從各種運動動作產生的過度刺激中得到休息，從而整合新的能力及學習模式。

因此建議訓練者降低受訓者的要求，不用進行任何會激活邊緣系統的運動，以及因鬆弛背部和臀部的肌肉緊張而引起情緒反應的運動。理想的做法是繼續進行被動式的韻律運動，這種運動有效刺激邊緣系統和前額葉皮質，孩子們通常會變得放鬆和更能掌握身體平衡。當孩子受到一段時間的韻律性的刺激後，可以讓他進行一些簡單的動作，例如腳掌扇形律動、背部律動和臀部律動。透過這些運動可以刺激神經網生長及加強邊緣系統和額葉之間的連繫，退步階段將更快結束。

整合擁抱反射的運動及胎兒運動也應該停止，因為這些運動有時會引起嚴重的情緒反應。有食物不耐受而又沒有進行合適的飲食管理的兒童，進行這些運動可能會引發過大的情緒反應，我一般會建議他們先改善飲食才進行這些運動。

在一些特殊情況下，如果該兒童有殘留的恐懼麻痺反射而對被動式的韻律運動出現過敏反應的話，便需要中止訓練。當他們平靜下來後，便可能每週進行數分鐘的韻律運動，並慢慢地逐步增加訓練的次數和時間。

◀ 韻律運動訓練和夢境

我們的內在圖像是在大腦的邊緣系統內創造的。當某

人定期進行韻律運動，其內在圖像也會得到刺激。這些圖像一般會在夢境中表達出來，有很少數人更會在進行韻律運動的同時，體驗到其內在圖像出現在腦海內。

在進行韻律運動訓練的過程中，夢境中會有一些有象徵性的符號或圖案，通常跟童話故事和神話中的符號相類似。這些在進行韻律運動訓練的過程中的夢境，可視作其生理和心理的發展過程得到確認；又或者，它們可能會把一些未解決的心理問題帶出來；有時，這些夢境可能是可怕的噩夢。

兒童有時候會分辨不清發夢和清醒的經驗，他們可能連說出夢境也出現困難。有時候，他們會半夜醒來，大哭起來，卻不能告訴別人為何感到害怕或悲傷。很明顯地，他們做了一個可怕的噩夢。

有時，兒童的夢境內容會從他玩耍方法的改變而反映出來。他們可能突然不想玩洋娃娃或積木，只是喜歡動物如獅子或鱷魚。夢見動物或與動物玩耍意味着其情緒的發展及其邊緣系統的連接。夢境的內在圖像可能成為他們的幻想和所喜歡的故事的一部分。

案例報告：伊娃、奧爾、山姆、弗雷德

伊娃

在第六章提及到，伊娃是一個患有腦癱的女孩，

三歲開始進行韻律運動訓練時，既不能說話，也不能進食、坐下或自己四處走動。進行了幾個月的韻律運動訓練後，她開始四處爬行、說話、飲食。不久之後，她開始出現情緒反應。她的母親向我描述：「在我們跟克斯廷·林德會面後數天，伊娃開始表現得相當奇怪，令我幾乎感到害怕。她遺棄了心愛的洋娃娃，這是她從來也沒有做過的。她只是跟動物玩偶玩耍，她的床上有猴子、老虎和獅子。有一次，當我們走進一間玩具店時，她強烈想要馬或驢子，所以我們便買了一個給她。」

「在與克斯廷·林德會面了一次後，伊娃整天也保持微笑，我甚至覺得她在晚上躺在床上也是在微笑的。她好像看見很多影像，我怕她瘋了，所以致電給克斯廷，克斯廷說伊娃看到了很多以前從沒有見過的影像，很可能是動物。伊娃也開始有自己的主見，常常抗議和變得反叛，有時更會說出像『傻媽媽』的字句。」

奧爾

在第五章中提及到，奧爾也有出現強烈的情緒反應。在他開始進行韻律運動訓練之前，他常常表現出疲倦和呆滯，就算他作出傷害自己的行為時，也沒有任何反應。他與父母沒有眼神接觸和常常出現幻覺，他對身邊的事情提不起興趣，除了有時他的父母播放音樂或唱歌給他聽的時候，他才會顯得活躍起來。他對於進食顯

得漠不關心，他的父母給他任何食物，他都只會張開口
吞下去。

　　經過數月的韻律運動訓練後，奧爾開始出現情緒
反應。他開始在晚上醒來及大哭，沒有人能使他安靜下
來。他曾有一段時間會於晚上醒來和高聲呼喊。他又表
現出憤怒（之前從未出現過）和有他自己的意願，也開
始懂得對不喜歡的食物提出抗議，以搖頭表示，對於一
些他十分想要的東西，他會不放棄地爭取和變得固執。
當有客人到訪時，他會表現出感興趣和爬出來看看他
們。他發現家裏的小狗，並和牠一起玩耍。他的幻覺逐
漸減少，當傷害到自己時，他開始有反應。以上的種種
反應，都是他之前從來沒有的。

　　伊娃和奧爾這兩名兒童，都是由於運動殘障，以
致他們的邊緣系統不能發展，這使他們從未學會表達自
己。當韻律運動改善他們的運動功能的同時，邊緣系統
也開始整合起來，他們亦出現強烈的情緒反應。其他沒
有這麼嚴重障礙的兒童，也會出現類似的情緒發展，但
不會是那麼突發的。

山姆（早產嬰兒）

　　以下個案的情況跟之前有點不同。一位職業治療
師在她的工作地方使用韻律運動訓練，她給我寫了關於
一名八歲的男孩的情況。該男孩是一名早產男嬰，約於

第三十週出生，在嬰兒深切治療部住了很長的時間。在該男孩開始進行韻律運動訓練之前，他在學校的學術和社交表現上都不是很好，他亦表現得十分不成熟。經過進行數週的被動式的韻律運動，包括從膝部律動和胎兒姿勢律動，以及自動式的臀部律動之後，便出現巨大的情緒反應，他的母親因不能處理其反應而中止了訓練。他之後漸漸地可以進行臀部律動，但只能每週進行一分鐘；過了一段時間，他可以每天進行該運動，並且加上每週進行兩次一分鐘的胎兒姿勢律動。那時，他變成了一位與以前不同的孩子。他的信心逐漸增強，開始表現自己和在學業上有很大的進步。可是，他其後變得失去自信，說自己是愚蠢的，還會為一些小事而流淚。

明顯地，韻律運動可幫助這男孩的邊緣系統得到整合，使他能夠表現自己；此外，前額葉也得到整合，使他的學術表現有很大的進步，但同時也使他失去了童稚的天真，以及因了解自己的局限性而感到沮喪。他極端的情緒反應很有可能是由於觸發了其恐懼麻痹反射所造成的。

弗雷德

弗雷德九歲時，他的母親便帶他來找我。由嬰兒時期開始，他已經出現嚴重的睡眠問題，他需要每晚服食褪黑激素去幫助入睡。他很遲才學懂說話，有一段長

時間在事物命名方面出現問題，此外，他的語言溝通仍然面對一定困難，與同齡的兒童玩耍也出現社交障礙。在他第一次到訪我診所之前，他開始有抽搐的情況。他對聲音極度敏感和十分容易受到影響而分心，他沒有耐性、平衡力差、肌張力低、上臂肌肉非常軟弱和出現縮起姿勢，他亦有書寫困難，而且書法拙劣。弗雷德被一位心理學家評估為患有注意力缺乏症。

　　弗雷德進行背部律動和臀部律動時皆出現韻律問題。我使用肌能檢測，測試他對麩質和乳製品的反應，發現他不宜進食乳製品，他於是跟從我的建議停止進食所有乳製品，結果他的睡眠質素大大改善。

　　弗雷德持續地每晚進行韻律運動，他於第一個月出現情緒上及語言上的倒退，他繼續進行整合反射運動達一年的時間，可是也沒有出現一些明顯的改善。他的耐性、專注力和使用語言溝通的能力仍然十分差，他從來不知道自己的感受，諸如什麼是有趣的和什麼是無聊的，他也很少提出抗議。

　　過了一年，期間弗雷德認真地每天進行韻律運動。我給他介紹克萊爾・霍金的胎兒運動，這是一種針對整合恐懼麻痺反射的運動。他每天均進行此運動，並十分喜歡。接着，他開始出現強烈的情緒反應。他在學校會激烈地抗議以打亂他的老師，有時更會離開課室。六星期後再到診時，他徹底地出現改變。他表示進行胎兒運

動時感到太疲倦；另一方面，他變得口齒伶俐，能夠描述鄰居的摩托車如何令他感到不安，以及清楚表達他的內在情感。當他感到學校的生活枯燥乏味時，他便會離開教室。

再過多五個星期之後的到診，他甚至不想見到我，寧可出外在雪地玩耍，並玩了四十五分鐘。同時，他的母親告訴我他在家中拒絕進行韻律運動，但仍然有進行胎兒運動，並且也不會介意母親幫他進行被動式的運動。他在半夜醒來和要求睡在父母的床上。現在，他已經開展了一個嶄新和更明確的生活方式。

第十一章
前額葉皮質和韻律運動

◀ 前額葉皮質和邊緣系統

　　大腦的外層是新皮質或一般人所謂的「大腦」，正如大腦較低層的組織，其任務是處理從感官接收的外來信號，並給予足夠的相關反應。新皮質負責提供對於感官印象最詳盡的分析和解釋，以及作出最詳細的反應。新皮質有不同的區域專門處理不同的感知形態，枕葉是處理視覺信息，顳葉是處理聽覺信息，而頂葉是處理感官信息，額葉的後面部分則是負責自發性的運動功能。

　　新皮質是由我們內部和外部環境接收信號的，新皮質最前端的部分為前額葉皮質，是內部和外部環境之間的協調員，並與邊緣系統緊密相連。前額葉皮質是額葉內接收由中腦和邊緣系統發出的多巴胺神經連接的區域，即是說這些神經信號是由神經傳遞物質多巴胺所傳送的，而這些神經連接又稱為中腦皮質多巴胺系統。[55] 前額葉皮質也被稱為「大腦的行政總裁」，因為它負責指揮和組織許多種大腦運作的過程。

前額葉皮質對於協調許多種不同能力皆有着重要的作用，例如制定計劃和判斷事情、產生動力、控制衝動情緒等，前額葉皮質使我們能夠進行概念的及抽象的思維，以及有能力去改變意識層的概念和想法。

◀ 前額葉皮質的整合

前額葉皮質不單只與邊緣系統連接，亦跟小腦、基底節和腦幹的網狀激活系統等有着重要的神經連接。如果這些大腦部分沒有足夠的刺激，前額葉皮質便不會得到妥善整合，整個大腦的運作會因而受到影響。從海馬體、扣帶回、杏仁核及下丘腦，多巴胺神經連接最後通向前額葉皮質。[56]

額葉從小腦接收到的重要刺激，會傳送至前額葉皮質及左半球的布洛卡語言區。小腦如果患有功能障礙，這些區域可能無法正常發展，並造成言語障礙，或出現注意力、判斷能力、控制衝動情緒、產生動力及處理事情的持久力等方面的困難。

此外，基底節中亦有不少重要的神經路徑連接至前額葉皮質。[57]因此前額葉皮質的運作可能會受到運動功能障礙、活性的原始反射以及基底節的整合不足所影響，從而導致出現注意力和控制衝動情緒等方面的困難。

殘留的恐懼麻痺反射和擁抱反射可能會阻礙前額葉皮

質的整合，當這些反射被觸發時，孩子會進入生存模式和變得格外留意在他身邊發生的事情。眼睛的調節將會受到影響，他將無法集中視力和注意力，而且無法有效地學習。這不僅無法刺激大腦細胞的生長和令前額葉皮質得到整合，反之會由於壓力荷爾蒙腎上腺素和皮質醇的釋放而導致腦細胞受到破壞。

◀ 本能需要、動力和抑制衝動情緒

　　前額葉皮質從邊緣系統的神經連接接收有關個人內部狀況的信息。此外，它接收來自大腦所有部分的感官信息，從而知道外在的狀況。當前額葉皮質處理來自邊緣系統的信息時，我們便會開始覺察到自己內在的本能需要。

　　杏仁核和邊緣系統的其他區域負責掌控情緒和本能需要，如食慾、性慾和滿足感，它們都與大腦兩個半球內較近扣帶回的前額葉皮質的有關區域緊密連接，這部分的前額葉皮質負責調節動力與本能需要，這些區域受到破壞或連接不足時，都會導致膚淺的情緒反應、被動、冷漠和對任何事情不感興趣。

　　為了使前額葉皮質的這個區域能夠正常運作，它們必須從負責激活和覺醒作用的腦幹神經核得到足夠的刺激。

　　一個嬰兒若由於疾病、運動功能障礙或肌張力低而無法四處走動，其前額葉皮質便無法得到充分的刺激，孩子因

而可能變得反應遲緩、被動，並表現出極少甚至幾乎沒有情緒。孩子可能感受不到任何動力使他探索周圍的世界，他只是永遠坐着，遂難以發展其大小肌肉的運動機能。

前額葉皮質的基底部分在於抑制衝動情緒，使一切事情在正常的軌道運作，以及在保持一套貫徹的行為上擔當着一個重要的角色。這部分受到破壞或連接不足時都會導致衝動情緒和情緒爆發，甚至會因而低估某些行為的後果。[58]

◀ 前額葉皮質協調思想與感覺

除非邊緣系統和前額葉皮質之間的神經連接得到充分的發展，否則我們便不能將外在事件與我們的內在情緒、本能需要、經驗及記憶等有關的信息整合，以及作出適當的反應，以致我們不能適應周遭世界的變化和自己的內在需求。通過從邊緣系統收到的信號，我們會意識到自己感到飢餓或口渴，從而會思考如何能得到水和食物。為了實現這些目標，我們必須要對現實有所認識，了解當時的外在條件。

透過體驗，我們學會想像我們各種選擇的後果。依保羅．麥克林所說，我們會制定「未來記憶」。我們會學懂分辨哪些選擇將帶來滿足感，以及哪些選擇將帶來痛苦和挫敗感。

前額葉皮質與邊緣系統有非常多的連接，不少神經解剖學家把它列為該系統的一部分。你可以說，前額葉皮質是

一個綜合性的業務系統，其任務是協調所有活動、才能和創造能力等一切關於周遭環境及內在需求的事情。前額葉皮質實在是思想與感覺最高層次的「協作者」。

我們依賴於協作思想與感覺的運作，為了生存，我們必須意識到從身體、感覺及環境得到的信息。

◀ 在童年時期前額葉皮質的整合

正常來說，一個新生兒的大腦應該得到充分發展，使他們能夠感到飢餓、口渴、愉悅或不適。嬰兒也應該能夠以某種方式表達這些感覺；然而，嬰兒亦依賴母親以適當的方式去理解和回應這些信號。

嬰兒不會自覺地理解自己內在的情緒狀態，對不愉快或愉快的經驗通常很少作出反應。這表示，這些嬰兒的邊緣系統和前額葉皮質還沒有充分地整合，他們可能持續地表現得被動和冷漠，沒有動力去尋求樂趣和探索周遭的世界。

當兒童開始上學，他們必須能夠安坐着一段時間，以及保持注意力於簡單的任務，通常這些任務也是比較乏味的。他們必須全神貫注，避免因受到外部或內在的刺激影響而分心。他們亦必須能夠抑制自己的衝動情緒，在群體中發揮作用，聆聽及遵照老師的指示。要完成這一切任務的前提是前額葉皮質要有良好的整合，特別是它的基礎部分。

患有多動症的兒童於開始上學的年齡，其前額葉皮質

通常都是還未妥善整合起來的，因此他們缺乏自我控制的能力，亦難以集中注意力。他們可能會在教室內四處徘徊和騷擾其他同學，而不理解這種行為是會被人認為是輕率及沒有為他人着想的。他們也可能難以理解別人的感受，並會躊躇於打破在社會中與人交往的不成文規定。

這些兒童難以控制自己的衝動情緒，他們表現得相當健談，亦經常打斷別人講話，他們會出現情緒爆發，又容易進入戰鬥狀態，行事十分衝動而不經思量。

兒童於大約八歲或九歲的時候，其前額葉皮質的發展會進入新階段。相對於從前發展的具象徵性和富有想像力的思維，邏輯思維在這個時候會變得更加突出。他們開始能夠想像將來，以及將自己與他人比較。他們明白其父母不可能管理一切事情，自己需要面對自身的局限性，甚至因而失去很多自己的夢想。許多兒童在九歲時都要過渡這個危機，有些可能會表現出沮喪、被動、蔑視，或要立刻付諸行動。

患有多動症的兒童在這個階段會面臨更多特殊的困難。他們每天醒來都會意識到自己的問題，不論是涉及運動問題、學習問題，還是社交行為問題，都促使他們認定自己犯了錯誤。他們可能變得沮喪、灰心、蔑視或拒絕承認問題等，而這類表現往往可能同時發生。當這些兒童被問及想改善哪一方面時，他們通常會回答：「我甚麼毛病也沒有，我不需要在任何方面變得更好。」跟托馬斯的個案相似，可以發現，這些孩子背後的態度是自我譴責自己的失敗和無望。

◀ 邊緣系統對敏感化的處理

邊緣系統可以比作一個擴音器，有能力增加或減少感覺的強度，使我們的行為得到調控，這稱為點燃作用。當我們面對威脅，如遇到外部或內在的恐懼時，都可能會表現出強烈的反應。例如當我們有極端情緒或感到身體十分疲勞時，僅僅是小事如地下鐵路稍為意外急停，都會使我們作出很大反應。我們感覺的強度會被放大，直到我們逃跑、出現恐懼性麻痹或是開始處於作戰狀態。當這種情況發生時，我們會失去清晰思考的能力，並且不能在適當的角度看清事情，這意味着我們處理外部及客觀的現實時關閉了前額葉皮質的功能。

當我們冷靜下來，未必能夠理解自己為何會作出如此強烈的反應，直到下一次我們遇到同樣一個地下鐵路意外急停的事件。跟着，我們的反應可能會更激烈。這裏帶出的一點是，我們只會想起不愉快的情況而引起反應，這就是所謂的敏感化或點燃作用。

如果前額葉皮質和邊緣系統之間的神經網沒有得到充分發展，或是如果前額葉皮質沒有從小腦或基底節中得到足夠刺激，我們會承受更大的前額葉皮質無法運作的風險，並會被我們的情緒所覆蓋，導致憤怒或焦慮情緒的爆發。

年幼兒童的前額葉皮質還未得到充分發展，因此可能會出現猛烈的情緒爆發，甚至導致短暫突發性的抽搐。患有多動症和自閉症的兒童由於前額葉皮質的功能問題，也可能

會出現猛烈的憤怒爆發。有殘留擁抱反射和恐懼麻痺反射的兒童當面對壓力時會關掉前額葉皮質，並且進入生存模式，一般會以癱瘓狀態或發脾氣作出反應。

◀ 韻律運動訓練對前額葉皮質的作用

　　韻律運動訓練通過刺激網狀激活系統、邊緣系統、基底節和最重要的小腦，以及通過發展這些區域的神經網，能夠改善前額葉皮質的功能，前額葉皮質便能繼續獲得足夠的刺激，以支持其正常運作。

　　在稀有的個案中，韻律運動會令有殘留的恐懼麻痺反射的兒童出現嚴重的情緒反應，這是由於被激活的反射會導致邊緣系統的點燃作用。

　　通常這種情況並不會發生，因為小腦和基底節會對前額葉皮質同一時間作出刺激，這將會調控及平衡邊緣系統點燃的傾向。在進行韻律運動訓練中出現的第一個改善跡象，尤其是對於患有多動症的兒童而言，通常是衝動及情緒爆發得以減少。

　　患有多動症的兒童進行了韻律運動，他們往往會於數個月內發覺自己的注意力和集中力得到明顯改善。他們學會了讓一切在正常軌道運作，並保持一貫的行為而沒有分心。他們的邏輯推理能力通常會有所提升，同時亦會覺察到數學不像以往那麼困難。他們的自信心和自尊心也得到改善，他

們變得更快樂和外向，與同齡孩子的接觸也會增加。

　　在某些個案中，這方面的發展需要較多的時間才有顯著成效，這情況可能在一些難以學習如何流暢地和協調地進行韻律運動的兒童身上出現。跟能夠有韻律地進行運動的孩子們相比，他們的前額葉皮質從小腦所得的刺激會相對較少。

　　難以進行韻律運動反映小腦有功能的障礙的情況，這通常是由於麩質或酪蛋白的不耐受引起小腦發炎所造成的。食物不耐受可能會令在進行韻律運動時出現過大的情緒反應，如果出現這些情況，便需要進行適當的飲食，以改善小腦發炎的情況，幫助加強對前額葉皮質的刺激。

第十二章
自閉症譜系障礙和韻律運動

◀ 什麼是自閉症及其診斷的由來

　　1943 年美國兒童精神病學家利奧‧坎納（Leo Kanner）在一本名為《Autistic Disturbances of Affective Contact》的教科書中描述一種出現於兒童的新的綜合症。他所描述的一些症狀包括不能與身邊的人交往、語言技巧惡劣或缺乏、感官過敏、有重複性行為和強迫性慾望以保持千篇一律的行為表現。

　　在 1980 年，自閉症的診斷被列入《美國精神疾病診斷與統計手冊第三版》（DSM III）內，有關的診斷標準是：（1）在三十個月大前開始發病；（2）對他人普遍缺乏反應；（3）語言發展有缺陷或有古怪的說話模式。

　　這個定義被認為是過於狹窄，故此於 1987 年曾作修改。新的標準包括不正常的社會交往、不正常的溝通和異常狹窄的興趣或活動，並且利用十六個獨立的標準去說明，病例需要達到一定數目的標準才會被確診。

　　在 1994 年，自閉症的標準再次被修改，用以將診斷結果更加細分。例如阿斯伯格綜合症（或稱亞氏保加症）的患

者，有相關的症狀而不能達到自閉症個案的所有標準，則
被納入自閉症譜系障礙。[59]

確診患有自閉症的兒童人數急劇增加

1980 年之前，自閉症是一種罕見的疾病，科學研究一
致估計每 10,000 人中有 2 至 5 人患有自閉症。

在其後的二十五年，自閉症出現的頻率急劇增加。在
2004 年，美國疾病控制及預防中心的一份官方報告指出，
在美國每 166 名兒童便有 1 名患有自閉症和自閉症譜系障
礙。

在 2012 年，數字增至每 88 名兒童便有 1 名確診患有自
閉症譜系障礙，這個最新數據是在 2008 年取自於美國十四
個社區而得來的。

這種急速的增長可以藉美國加利福尼亞州所發生的事
件來說明。在美國加州，有一些地區性中心專門負責照顧
殘疾人士，大約有 75%至 80%身患發育性殘疾的兒童參與
這個地區性體系。1980 年之前，參與該服務的自閉症兒童
的數目介乎於 150 至 200 之間。在 1987 年，此數字上升
至 400，而在其後的十年更出現快速的增長。於 1987 年至
1998 年這十年間，診斷數目幾乎上升了三倍，患有自閉症
譜系障礙而又參與該服務的兒童的數目更增加了二十倍。在
2000 年，有超過 20,000 名患有自閉症譜系障礙的兒童參與

這個地區性中心的服務，而 1980 年的數目僅僅是 200。[60]

　　類似的研究也顯示自閉症兒童的數目在美國的其他地方亦同樣上升。在歐洲，患有自閉症的兒童數目也大幅增加，但不及美國那麼迅速。

◀ 什麼原因造成自閉症的數目攀升？

　　醫學教育界指出，自閉症是由遺傳基因而導致的慢性神經功能障礙。然而，在過去的二十年間，有愈來愈多研究證明，兒童發展出自閉症的原因是其免疫系統和解毒能力已不足以處理疫苗、重金屬和其他有毒物質等環境壓力。

　　醫學教育界用盡方法去否認自閉症的數目不斷攀升，這是由於一種遺傳性疾病要大規模爆發被認為是不可能的。可是，最近的一項研究證明，自閉症的成因可能是患者父母的基因受損，而不是患者從父母遺傳而來[61]，這個重大發現證實了環境因素為導致自閉症的重要因素。

◀ 潛在原因：汞和接種疫苗

　　發展出自閉症的兒童，其清除體內的汞和其他重金屬的能力受損，而這些重金屬會積聚在大腦和內臟器官之內，最後發展為自閉症。汞是其中一種毒性最強的物質，對神

經系統和胎兒造成的傷害特別大。汞合金是汞的一個重要來源，它會於體內釋放汞出來。已有證據證明，懷孕的母親會把汞合金中的汞傳給胎兒，還會在嬰兒發育中的神經系統積聚起來。一項最新的研究，對象是 100 名婦女，結果顯示如果母親有超過八個的汞合金填料（汞合金是一種補牙物料），她的孩子發展出自閉症的風險，較其他沒有汞合金填料的母親的孩子高出四倍以上。[62]

汞的另一個來源是接種疫苗。在九十年代初期的美國，兒童接種含有硫柳汞的疫苗數目增加。硫柳汞是一種被廣泛應用含有汞的疫苗防腐劑。據《波士頓環球報》的一篇文章報道[63]，莫里斯‧希勒曼博士（Dr. Maurice Hilleman）為其中一位默克（Merck）疫苗接種計劃之父，他在 1991 年的一份備忘錄向他的上司提出警告，指為六個月大的嬰兒按時間表進行注射會令他們遭受汞的毒害，其含量比政府所制訂的安全標準高出八十七倍，他建議中止使用硫柳汞，並且對美國食品和藥物管理局不能跟歐洲一樣採取適當的行動提出抗議，但眾所周知，美國食品和藥物管理局跟醫藥行業有着密切的關係。

可是，希勒曼博士的警告完全被忽視，而該接種疫苗的計劃被允許繼續進行，繼而造成龐大的自閉症個案數目。在十年間，美國兒童的自閉症患病率由 1995 年的 1:2500，上升至 2005 年的 1:166，而男童的患病率更達 1:80。不僅如此，每六名兒童中就有一名被確診患有相關的腦神經系統失調疾病。

◀ 硫柳汞的有害影響

　　很多的科學研究指出，硫柳汞是這種所謂「流行病」的
罪魁禍首。自閉兒身體內的汞水平會比沒有自閉症的兒童
為高；另外，很多自閉症的特徵跟汞中毒的症狀十分相似。
美國食品及藥物管理局的科學家詹姆斯・吉爾博士（Dr. Jill
James）的一項研究發現，許多自閉兒都有缺乏製造谷胱甘
肽能力的基因缺陷，這是一種由大腦產生的抗氧化劑，有助
於消除體內的汞。

　　藥品製造商在 2000 年以後停止使用硫柳汞生產疫苗，
以避免法律責任，但他們並沒有銷毀其存貨並繼續銷售直至
2004 年。而衛生當局仍然為疫苗使用硫柳汞辯護。小羅伯
特・肯尼迪（Robert Kennedy Jr.）總結他的文章時寫道：「繼
續擁護硫柳汞的政府官員應該要知道，他們剝奪了普羅大眾
認清硫柳汞的禍害和如何避免受害的寶貴機會。這些官員
責無旁貸，應向一些相信美國保證的國際衛生機構和政府提
出警告：他們正在給發展中國家的兒童注射損害腦部的化學
物。如果未能辦到，這些政府官員也不能逃避責任。」

◀ 麻疹、腮腺炎及風疹的三合一疫苗注射

　　接種疫苗的另一種破壞性影響，是由麻疹、腮腺炎及
風疹（或稱德國麻疹）的三合一疫苗（即MMR疫苗）所引致，

接種這種疫苗會造成腸道免疫系統的損害。來自美國加利福尼亞州的統計數據顯示，於 1978 年引進 MMR 疫苗之後，自閉症的數目顯著增加。當地的兒童在開始接種疫苗的三年後，被診斷患有自閉症的兒童數目增加了兩倍。[64]

英國科學家安德魯‧韋克菲爾德（Andrew Wakefield）已經證明了 MMR 疫苗和自閉症之間的關係。這種疫苗會使腸內的淋巴結發大及腫脹，影響營養的吸收，而該腫脹也會導致便秘。這是韋克菲爾德和他的同事們從有腸道問題病徵的自閉兒的腸道中把跟 MMR 疫苗內相同的麻疹病毒分離並進行研究而得出來的結果。[65] 自韋克菲爾德發表他的第一篇文章後，相關的科學文章相繼發表，確證了他的研究結果。有幾項研究也同樣證實，跟 MMR 疫苗內相同的麻疹病毒在自閉兒腸內的淋巴結和血液中存在。[66]

在英國，超過 2,000 個家庭聲稱他們的孩子一直發展正常，直至在十二至十八個月大接種過 MMR 疫苗。許多個案的孩子在接種疫苗之後出現發燒、表現突然倒退、停止交談和玩耍，以及一些典型的自閉症症狀。而英國衛生部門及英國醫學協會聲稱該疫苗是安全的，並列出大量的統計數字引證。但是，當我親身聽到眾多父母訴說他們的孩子如何在接種 MMR 疫苗後立即出現自閉症症狀，我更相信這些統計數字又再被用作隱瞞而不是揭示真相。

◀ 自閉症兒童對麩質和酪蛋白不耐受

在九十年代初，有一位同事告訴我，他在一個醫學會議上遇見了一位挪威醫生及研究員卡爾‧雷謝特（Karl Reichelt），雷謝特教授在會議上介紹了關於進行無麩質和無酪蛋白的飲食去治療自閉症和精神分裂症的研究。根據他的理論，腸道功能受損會阻礙酪蛋白和麩質的分解，不單不會使它們變成氨基酸，還會形成外啡肽，這種肽和嗎啡有相似的作用，大約一半的自閉症兒童在其尿液中都發現體內含有此肽鏈。[67]

雷謝特醫生可以從自閉兒的尿液中找出兩種不同模式的肽。其中一種常見於對酪蛋白及麩質不耐受的兒童。另一種則可見於其後出現自閉症症狀的兒童，他們在出生後的第一或二年間都有正常的發展，這種情況稱為倒退型自閉症。這些兒童的家長經常發現，在孩子斷奶後並開始進食穀類食物或喝牛奶，他們都會出現消化系統症狀和持續哭喊。同樣情況亦有時出現於接種疫苗後，包括流行性感冒和MMR兩種疫苗。

這些肽會影響自閉兒的遊戲和社交互動，並且引致對疼痛的敏感性降低和自殘行為。這種外啡肽是很容易上癮的，造成兒童經常局限自己的飲食，只以乳製品和小麥為主。

對於自閉症患者，麩質和酪蛋白的另一個有害影響是導致體內產生細胞因子，它是一種引起炎症反應的物質，尤其是在小腦部分。

◀ 自閉症中的乳糜瀉及麩質敏感

2012 年，數位有影響力的科學家對麩質進行了大量的研究，他們為麩質引致之相關病症進行了新的分類並達成共識。[68]

他們把乳糜瀉及麩質敏感作出區分，乳糜瀉可經血液測試和腸道活組織檢查診斷出來，而麩質敏感只能靠觀察症狀有否因飲食剔除麩質得到改善而判斷。兩者的臨床症狀太相似，因此難以進行分辨。然而，一般認為麩質敏感的普偏性較乳糜瀉至少高出六倍。

有少數於自閉症譜系的兒童會確診患上乳糜瀉。於自閉症譜系的病人較正常人出現乳糜瀉的比率高三倍半。這表示每三十名自閉兒便至少有一名會患上乳糜瀉。[69]

大部分自閉症兒童患者都對麩質敏感，他們在進食含麩質的食物後會出現倒退的情況，但在血液中卻沒有出現與乳糜瀉相關的生物標記。要確診以上情況，唯一的方法是研究剔除麩質後的健康有甚麼變化。因麩質而引致的倒退情況，是由腸道釋出的麩質嗎啡造成。它會穿過腸壁再進入大腦；由於嗎啡的影響，以及炎症和免疫反應，所以經常產生典型的症狀。

對於精神病及自閉症患者，我一般都建議他們進行無麩質、無酪蛋白和無大豆的飲食。在絕大部分的個案中，我都見到驚人的進步和改善。不少自閉症兒童的家長均表示，堅持這種飲食習慣的確對孩子的行為有相當正面的作用。

　　兩項關於自閉症飲食干預的隨機對照臨床研究已經發佈。挪威在 2002 年有一項研究，為 20 名自閉症兒童患者進行發展及行為測試。當中半數進行無麩質和無酪蛋白的飲食達一年，之後再重複接受測試。研究顯示，沒有進食含麩質和酪蛋白食物的一組出現明顯的進步，而對照組則沒有任何改變。[70]

　　另一個名為Scan Brit的研究，測試對象為 72 名四歲至十歲的丹麥自閉兒。他們首先接受測試，然後隨機被安排至有或沒有食物管理的一組，分別於六個月及十二個月後再次進行測試。結果顯示，有食物管理的一組出現臨床症狀改善。他們的專注力得以提高，攻擊性和多動的情況減少，並開始參與更多對話。他們大部分都擺脫了過敏的煩惱，有數名的癲癇發作也消失了。總括而言，食物管理可以幫助到三分之二的兒童患者。[71]

案例報告：卡爾

　　我特別記得一個十七歲名叫卡爾的自閉男孩，他是另一間人智學寄宿學校的學生。他在幾個月間病情出現嚴重惡化，並已停止說話和交談。他沒有上學，也不去用膳，只是整天在床上度過，不作溝通，用拳頭連續地擊打自己的臉部，嚴重傷害自己。我為他進行韻律運動訓練，我詢問他如何充飢，他告訴我他每天晚上會靜悄

悄地走進廚房吃餅乾和飲牛奶，並沒有進食其他東西。接着，我告訴工作人員，在我願意開始為卡爾進行韻律運動訓練之前，必須從他的飲食中剔除所有含麩質和乳製品的食物。

幾個月後，我獲那所學校邀請進行一場有關韻律運動訓練的演講。工作人員告訴我，卡爾在他們的監管下改變了飲食習慣後，出現了戲劇性的康復。現在，他又回復惡化之前的情況，繼續回校上課，停止自殘的行為，願意與別人交談和溝通。

卡爾留在學校的時候，繼續保持他的飲食習慣，並且情況顯得很好。之後，他被調去一所教養院，他們需要一份醫生證明文件，說明卡爾對麩質和乳製品不耐受，因此他要求我寫給他。可是，當我打算寄出此證明文件時，我被告知他們已不再需要。教養院打從第一天起，便給卡爾牛奶和麵包，還說他並沒有出現任何問題。當時我感到很驚訝，我問工作人員當他搬到教養院後他的健康有沒有出現問題，可悲的是，有人告訴我，在搬到教養院的一個星期內，他得到了精神病並需要送往醫院，他被處方重劑量的抗精神病藥，並還在服藥。

麩質和乳製品與精神病

卡爾的經歷讓我回想起雷謝特教授曾告訴我的事情，

他認為抗精神病藥不僅影響大腦，還會使腸道降低對肽的吸收，可能會導致患上精神病。

　　作為一間華德福寄宿學校的駐校醫生，我一次又一次的了解到，患上精神病並不是偶爾發生的事件，而是通常出現在某一群的學生的某些年齡。被確診患有自閉症或阿斯伯格綜合症的男性青少年，尤其是一些有腸道問題如便秘或稀便的青年，他們有較高的風險於十八至二十歲時（有時會更早）變成精神病患者。在很多這類的個案，我發現他們對麩質和乳製品不耐受，雖然他們當中部分人已能夠從飲食中剔除後者，可是他們並沒有足夠的動力去排除麩質。然而，我的臨床經驗告訴我，當他們服用了中等劑量的抗精神病藥，他們仍可繼續進食麩質食物，在許多情況下，他們的精神病也不會復發的。在一些可能因腸道問題而造成嚴重便秘的個案，服藥也可以改善情況。

◀ 電磁場和微波

　　據我所知，沒有一項研究指手提電話、無線電話或無線網絡等的電磁場會造成自閉症。可是有廣泛的證據，表明這些電磁輻射可能會造成常見於自閉症的類似傷害。

　　根據歐盟授權進行的一項名為「REFLEX」的研究計劃指出，這些電磁輻射是產生自由基的元兇，這些自由基會破壞 DNA 和細胞膜，導致細胞死亡。

在 2007 年，一個由 14 位科學家組成的團隊，根據
1,500 份有關電磁輻射的影響的報告，公開發表了一份名為
《BioInitiative》的報告。他們發現，在低於電磁輻射的安全
標準之下，基因仍會受到破壞，並且有大量的證據能證明，
電磁輻射會導致炎症和過敏，以及使免疫系統變弱。[72]

大部分父親會把手機放在褲袋內，出現受破壞的基因
導致自閉症是很容易理解的。胎兒的基因在受孕前已經受
損，然後再暴露於更多從無線電網絡和他們母親使用的手機
或無線電話時帶來的輻射之下。當知道這些電磁輻射會破
壞細胞膜、殺死腦細胞、破壞免疫系統和導致腦部和腸道發
炎，就不難解釋為何這麼多的兒童於出生時是那麼虛弱，並
發展出自閉症，尤其是於出生後再受到額外的環境壓力，如
疫苗接種、病毒感染、重金屬影響和持續的微波輻射。

細胞暴露於電磁場輻射之下便會產生應激蛋白，這些
應激蛋白會使細胞膜變得低滲透性，從而減低毒素及重金屬
通過細胞膜輸送。因此，消除電磁輻射是有必要的，這是孩
子消除細胞內的重金屬和其他有毒物質的基礎。

◀ 谷氨酸與GABA的比例

谷氨酸是一種最常見的大腦突觸的傳遞物質，它有刺激
和興奮作用，但積累過多會導致細胞出現毒性。谷氨酸會轉
化為 γ-氨基丁酸（簡稱GABA），GABA 的功能是抑制腦神

經細胞傳遞信息。有些研究表示，患有自閉症的人士會出現谷氨酸和 GABA 比例失衡的情況，這是由於谷氨酸轉換成 GABA 的能力不足所導致。[73]（註：谷氨酸是一種興奮性的神經傳遞物質，而 GABA 是一種抑制性的神經傳遞物質。）

積聚過多的谷氨酸而缺乏足夠的 GABA 會觸發腦神經細胞不受約束的信息傳遞，從而導致炎症和最終使大腦細胞死亡。當谷氨酸的水平增加時，GABA 便會減少，這可能會導致孩子停止說話。

當自閉兒的大腦從視覺、聽覺、觸覺，或前庭覺、體育活動得到過多的刺激，或者有心理壓力，以及過多的肽在腸道內時，谷氨酸的積聚會導致孩子受過度刺激和變得過度活躍，不能輕易地冷靜下來。由於谷氨酸的積聚，大腦內的神經元會持續地處於興奮狀態，繼而引發自我刺激行為和大腦炎症，最終導致腦創傷。

這些反應均被認為有可能導致與帕金森病、多發性硬化症（簡稱 MS）、肌萎縮側索硬化症（簡稱 ALS）和自閉症等中相似的腦損傷情況。癲癇發作在自閉症的個案中是很常見的，而積聚過多的谷氨酸引致大腦發炎跟癲癇發作是有關連的。

◀ 自我刺激行為和腦部發炎的症狀

自我刺激行為顯示過多的谷氨酸積聚於大腦。常見的

自我刺激行為包括手部經常擺動、身體不停的旋轉和搖擺、把玩具或其他物件排列或旋轉、言語反覆不止和重複死記、硬背短語等。[74]

　　谷氨酸水平升高時會使神經元不受控制地傳遞信息，最終會引致炎症和神經細胞受損。如前文所述，腸道裏的肽也可能會導致大腦發炎。這種炎症的症狀可能包括癲癇發作、出現強迫性或攻擊性行為、脾氣暴躁、抑鬱、焦慮、有精神病症狀和失眠。[75]

◀ 自閉症患者進行韻律運動訓練

　　自閉症的兒童一般於進行被動式的韻律運動後都有理想的效果，他們會變得平靜和放鬆。但是，如果這些運動過度刺激大腦，他們會變得不安和焦慮。這種反應有時在患有注意力缺乏症或多動症的兒童身上也可看到。殘留的恐懼麻痺反射會減低腦幹對感官印象的過濾能力，從而過度刺激大腦皮質、激活谷氨酸受體和累積谷氨酸，這會令到兒童因不適或緊張而蠕動和掙扎逃走。自閉兒童也會出現自我刺激的行為。

　　如果出現這種情況，就需要非常輕柔的進行運動，當孩子開始蠕動時，便要立即停止。他可以重複進行幾次相同的練習，然後慢慢地逐漸增加。通過這種方式，孩子將可以較長時間地進行運動而不會產生負面的效應，原因是這些運

動改善了腦幹對感官印象的過濾能力，或此種被動式的運動
刺激到谷氨酸轉化成 GABA。孩子在睡覺時輕輕地搖動他，
也會有明顯效果。

◀ 韻律運動訓練、自閉症及癲癇發作

　　癲癇於自閉症中是頗常見的。癲癇發作是大腦發炎的
一種症狀，可能是由於谷氨酸水平過高而造成的。而對麩質
和乳製品不耐受可能導致谷氨酸的積累和大腦發炎。根據雷
謝特教授的研究，無麩質和乳製品的飲食習慣會減少癲癇發
作。用於加工食品的食物添加劑如味精和阿斯巴甜（一種常
見的人造甜味劑），也會導致積累過多的谷氨酸，而味精及
阿斯巴甜會引起癲癇發作更是臭名昭著的。另外，電磁場輻
射也可能會觸發癲癇發作。

　　為了避免在進行韻律運動訓練時觸發癲癇發作，防止
谷氨酸的積聚是必須的。因此，建議患有自閉症或癲癇症
的孩子養成無麩質、乳製品、味精和阿斯巴甜的飲食習慣。
除此以外，非常輕柔的進行運動及慢慢地逐漸增加運動的時
間，可避免自我刺激行為的出現。最後，消除電磁輻射，尤
其是於兒童睡房內的，對於防止癲癇發作也是十分重要的。

◀ 韻律運動與小腦

　　大多數患有自閉症的兒童在開始韻律運動訓練時，都需要一套特有的方式，他們很多時也無法自發地進行簡單的自動式韻律運動動作，而我發現，即使是左右律動臀部，他們也需要花費許多力氣去進行每一個右轉或左轉的動作。他們進行這些運動時，並非像其他有小腦問題的孩子一樣失去韻律，而是他們的動作根本沒有韻律可言。這種情況是由於小腦功能障礙或受損所造成的。

　　許多研究表示，因炎症或中毒而導致小腦受損於自閉症的個案中是十分常見的，尤其是使用 GABA 作為神經傳遞物質的浦肯野細胞會遭受破壞。此外，自閉症患者的小腦往往比正常的細小，而小腦的齒狀核更是以一條重要的神經路徑連接大腦左半球的言語區。當齒狀核遭受破壞，該孩子的語言能力將受到影響。因此，在自閉症的個案中，缺乏語言能力、說話不清楚或較遲的言語發展是常見的。

　　韻律運動訓練對自閉症患者的語言發展一般都有很好的效果。自動式的運動有助於刺激浦肯野細胞和 GABA，也能間接地刺激大腦左半球的言語區。若那些受訓者在進行適當的飲食後其小腦的炎症受到控制的話，韻律運動是可以改善語言理解和會話能力。有些兒童的大腦皮質的語言區同時受損，他們的語言能力發展會比較遲緩。

　　簡單的韻律運動如腳掌扇形擺動或臀部律動會經小腦刺激前額葉皮質，效果極佳。當孩子學會有韻律地進行這些

運動時，運動便能對前額葉皮質產生刺激作用，繼而有效地
提升控制衝動的能力、耐性、判斷力和同理心。

◀ 韻律運動和自閉症患者的邊緣系統

　　被動式和自動式的韻律運動，皆會經腦幹上部分的中
腦的腹側被蓋區，刺激邊緣系統。當孩子的邊緣系統受到刺
激，他們就會開始發展情緒。孩子們通常開始會對父母表現
出情感依賴，並第一次要求希望可以坐在他們的膝上，或者
要求被擁抱，而強迫症狀和儀式行為會相對減少，並開始出
現反抗的情緒和堅持己見。他們開始和其他孩子玩耍，並往
往以不同的方式表達自己，許多家長說他們的孩子開始表現
出同理心。

　　有一些兒童，尤其是進入青春期後，在進行韻律運動
訓練時會難以控制情緒。有時，侵略性行為和脾氣爆發會增
加，尤其是智力發育遲緩的兒童會更加明顯。這些反應一般
都是谷氨酸的水平過高所引致，加上對麩質和乳製品不耐受
使情況更惡化。因此，進行無麩質和無乳製品的飲食，以及
消除電磁輻射，可防止或緩和以上的反應。

◀ 自閉症中的殘留壓力反射

　　大多數患有自閉症或自閉症譜系障礙的兒童，都會因為有殘留的恐懼麻痺反射和擁抱反射，而在感官接收和處理壓力時出現過敏反應。活性的恐懼麻痺反射會增加前庭覺的敏感度，因而使該兒童在進行被動式的運動時出現作嘔的反應。當大腦受到運動帶來的過度刺激，前庭覺、觸覺和本體覺的過度敏感也會促使他作出自我刺激行為。因此，我們有需要去整合這些反射使他們能夠繼續進行韻律運動訓練。

　　正如前文所述，恐懼麻痺反射會於受孕後第二個月開始發展。在這時期，胎兒大部分時間都會忙於移動他們剛發展出來的四肢。當胎兒受到壓力，恐懼麻痺反射便會被觸發，因此，胎兒會處於癱瘓狀況及停止活動。

　　恐懼麻痺反射並不是原始反射，因為無論感官或神經系統都未充分發展以使胎兒產生任何反射模式。細胞之間直接的信息傳遞會產生反射模式，並會立即以電磁頻率傳送至胎兒的所有細胞。

　　每當胎兒的細胞面對壓力時，便會觸發恐懼麻痺反射，應激蛋白（一種在受壓時所釋放的蛋白）會立即產生，使細胞膜變得低滲透性，以及減低通過細胞膜的主動輸送，使它們切斷和外界的接觸。當此情況發生時，胎兒會停止活動和變得麻痺。

　　正如前文所述，不同的壓力會妨礙反射的整合。除了汞或其他重金屬、有毒物質、電磁場等環境壓力外，還有來

自母體內的壓力包括抑鬱、疾病或濫用藥物等。

　　當恐懼麻痺反射未得到整合時，擁抱反射也不會整合。在大多數情況下，建議在整合恐懼麻痺反射後才開始整合擁抱反射。

　　就算恐懼麻痺反射在子宮內已被整合，也可以因處於高水平的環境壓力而再被激活起來，例如電磁輻射或麩質及酪蛋白不耐受。

◀ 許多自閉症的症狀也是殘留恐懼麻痺反射的症狀

　　很多殘留恐懼麻痺反射的症狀，如低抗逆能力，又或對聽覺、視覺、嗅覺和味覺的感官刺激有過敏反應等，也都是自閉症常見的症狀。眼神的接觸會觸發此反射，因此，不跟人目光交流都是自閉症和殘留恐懼麻痺反射的常見症狀。當孩子的這種反射未得到完全整合時，他會逃避所有他認為具挑戰性的刺激和環境，因他視這些為一種威脅。患有自閉症的兒童會停止與外界接觸和溝通，有些孩子則表現得十分害羞，其他則會避免面對具有挑戰性的環境，他們只依常規行事、適應能力差和拒絕接受改變，並會出現所有常見的自閉症症狀。當孩子無法逃避外界時，亂發脾氣是常見的反應。

◀ 整合恐懼麻痺反射

　　由於恐懼麻痺反射是一種細胞對壓力的反應，因此必須處理導致壓力的原因，才可整合此反射。如果恐懼麻痺反射不斷被電磁輻射所觸發以致不能整合，減低電磁輻射的影響是必須的。同樣地，如環境中或身體中的毒性或對食物不耐受是觸發此反射的原因，這些因素也必須得到處理。在自閉症的個案中，往往需要減少電磁輻射帶來的壓力、給予適當的飲食去醫治腸道、清除身體內的重金屬等。在多動症和注意力缺乏症的個案中，也需要處理這樣的問題，尤其是電磁輻射和對酪蛋白及麩質的不耐受。

　　自動式和被動式的韻律運動均有助於整合反射，而克萊爾・霍金的胎兒運動亦然。胎兒運動是模仿胎兒在子宮內的動作而創的，這些運動的效果有時十分強大，可能會觸發其反射，或引起不良反應，尤其是在許多環境壓力的情況之下。因此，在這種情形下，先處理壓力是必須的。我的經驗告訴我，如果有麩質和乳製品不耐受，除非孩子進行適當的飲食，否則這些運動通常都不能把反射整合。

第十三章

韻律運動訓練與精神病

◀ 精神病出現邊緣系統活動增加

正如前文所述，邊緣系統好比一個擴音器，能增加或減少感覺的強度，從而控制我們的行為。

假若一個人身處於一個完全黑暗和寂靜的房間內及浮在鹽溶液上，經過一段時間，這個人會出現強烈的焦慮，視覺和聽覺會出現幻覺。在這種所謂「感覺剝奪」的情況下，大腦皮質沒有得到任何的刺激，而且並不會意識到外界的刺激，同時間，心智將轉移專注於邊緣系統的內部流程。當前額葉皮質的活動減少時，由於點燃作用，邊緣系統的活躍程度將會增加，這也解釋了這些症狀出現的原因。

瑞典的一項研究顯示，被診斷患有精神分裂症的人，其前額葉皮質的活動明顯相對減少，尤其是左側的區域。健康的人在休息狀態時，其大腦血液流動主要集中在額葉，特別是前額葉皮質的部分。可是，患有精神分裂症的人在這些區域的血液流動明顯是缺乏的。反之，屬於邊緣系統的顳葉部分的血液流動卻增加。[76] 正因為這種活動模式，前額葉皮

質將不能再調節邊緣系統的活動。

當人面對一些強烈的情感刺激，如墮入愛河、近親死亡等，他可能會失去與現實接觸的興趣，和會經歷或多或少仿似真實般的、一些令人恐懼的內在象徵意象。在一些極端的個案中，當這人失去對外界刺激作出反應的能力，以及其意識只專注於其內在的圖像（即是幻覺）時，便可能會導致精神極度緊張。這種情況跟奧爾（見第五章的案例報告）在開始進行韻律運動之前的情況相似，正如我們所見，奧爾的大腦嚴重缺乏感官刺激，結果令其大腦前額葉的活動大為減低。

當一個人不再對外界刺激作出任何反應時，他已發展出完全的內在感覺剝奪的情況。儘管有正常的外界刺激，前額葉皮質也無法被充分激活以維持其正常活動。

◀ 精神分裂症出現的麩質和酪蛋白不耐受

在前面的章節曾提及過，對麩質和酪蛋白不耐受加上肽酶的缺乏會使腸道內的肽上升，繼而激活邊緣系統。雷謝特教授也表明無麩質和無酪蛋白的飲食會改善精神分裂症的症狀。[77]

麩質不耐受和精神分裂症的關係並不算是新知識，早在二十世紀六十年代，已經有一位美國精神病學家多昂醫生（F. C. Dohan）開始研究這個主題。他了解到，麩質不耐受

在精神分裂症患者當中的普遍程度，比統計學預期的更高。他和他的合作伙伴研究一些因病情惡化而被送往醫院的精神分裂症患者，並給予他們沒有麩質和牛奶的飲食，結果發現，這批病人與沒有進行此飲食模式的其他病人相比，前者康復得較快，比後者快一半的時間便能出院。更多的研究表示，當病人於剛患病時開始進行此飲食模式，會得到最大的效益，而長期病患者只有個別例外的情況出現改善。[78]

有時，一些正在使用藥物治療精神病的年輕人會諮詢我，希望尋找其他療法去取代藥物治療——他們或其父母可能曾經聽過或閱讀過有關韻律運動訓練。我通常會建議他們從飲食之中先剔除麩質和乳製品，尤其是如果我曾使用生物共振的方法（詳情可參閱我另一本書：《自閉症：一種可醫治的疾病》），證實他們對該類食物出現不耐受。我解釋，改變飲食模式會令韻律運動訓練得到最大的效益，不單由於麩質和乳製品本身可能會導致精神病，而且當他們對麩質和乳製品不耐受，更可能會引發強烈的情緒。如果前額葉皮質無法發揮足夠的功能，這種情緒亦可能會觸發精神病。韻律運動會刺激前額葉皮質的發展，但也可能同時會引發強烈的情緒，此外，麩質和乳製品可能會引起大腦出現炎症，從長遠來看，會使病情惡化。

因此，當他們開始進行韻律運動之後，我會勸他們不要停止服藥，至少在剛開始的時候，前額葉皮質的神經網有機會因繼續服藥而更有效地發展。

◀ 過度的負面反饋

　　從了解腦幹於維持邊緣系統和前額葉皮質活動的角色，可以理解精神病造成內在感覺被剝奪之原因。

　　腦幹內中腦部分的神經細胞核產生多巴胺，它們的神經纖維經神經通道傳送至邊緣系統和前額葉皮質，這個所謂「中腦皮質多巴胺系統」，其中一個功用是調節邊緣系統的活動。這種調節活動，好比一所房子的通風系統的操作模式，通風系統的功能是讓所有房間保持平均和穩定的溫度，加熱站會根據反饋增加或減少加熱的需要。當一個或多個房間的溫度上升時，加熱站便會降低其效應。[79]

　　如果將這個模式套用於精神分裂症上，便會清楚為何激活邊緣系統加上前額葉皮質的失調可能會引發精神病。當邊緣系統被精神病的妄想、幻覺和強烈的情感所激起時，補償性調節將被激活。邊緣系統的反饋會使中腦的神經核減少發出對邊緣系統和前額葉皮質的激活信號。然而，由於點燃作用，邊緣系統的活動將不會受到影響，只有前額葉皮質的活動會減少，形成一個惡性循環，最終造成一種緊張性精神分裂症的狀態。邊緣系統的點燃作用效果愈大，前額葉皮質的活動便會相對愈少。該人將失去他對現實的思考能力和理性的基礎，並將成為痛苦情緒的犧牲品。

◀ 急性精神病患者進行韻律運動訓練及一個有關的案例報告

　　抗精神病藥可以治療邊緣系統過度活躍的情況，它以阻止多巴胺發揮功能來取得成效。服藥幾天後，幻覺和妄想將會減少。但是，它的副作用是阻止了前額葉皮質的活動，繼而造成精神和情感的遲鈍。

　　另一種治療策略是提升前額葉皮質的活動，從而使邊緣系統和前額葉皮質之間建立一個好的平衡。進行韻律運動可達到此效果，而在急性緊張症的個案中，不用幾天便可見到治療的效果。

　　我有一個病人，她經歷了一次情感上的創傷之後，出現不斷增加的焦慮和妄想。由於藥物有副作用，她不想服用抗精神病藥，取而代之，她開始每天進行韻律運動。剛開始的數月，她的病情有所好轉，但隨後由於病情惡化，她便停止進行運動。之後，她常常臥床不起和出現精神緊張症，還失去了與家人溝通的能力，這個情況維持了數天後，她便被送往醫院。

　　在她剛入院及得到任何藥物處方之前，我跟她在病房內會診，我無法用任何的方式和她溝通，於是我就開始為她進行被動式的韻律運動。幾分鐘後，她已經能自己進行韻律運動，大約十五分鐘的練習後，她可以坐起來，並和我談話，她告訴我，在過去的兩天，她的腦海出現有關戰爭和其房子被炸毀的可怕幻覺。之後，我每天到病房為她進行韻律

運動，同時，她被處方了非常小劑量的抗精神病藥。她迅速地康復，數週後便已經可以出院，出院後她繼續進行韻律運動，還很快便停止服藥，一年後，她已經完全康復和可以重新開始工作。隨後的十五年，直至她退休之前，也沒有出現任何問題。

◀ 韻律運動訓練在精神病中的作用和原理

韻律運動藉着刺激網狀激活系統，從而能對大腦皮質，尤其是前額葉皮質產生很大的激發效果。但是，這不是韻律運動對妄想和幻覺有立竿見影效果的唯一原因。一個更重要的原因是，韻律運動會經小腦影響前額葉皮質，從而成為一條繞過邊緣系統的捷徑。

研究顯示，對於增加前額葉皮質的活動和減少精神病的症狀如幻覺，小腦起着重要的作用。在 1977 年，一名美國科學家希斯（R.G. Heath）發表了一篇研究，對象是已住院多年及對任何治療均沒有任何反應的一組嚴重精神分裂症患者。[80] 他在該組病人的小腦中加入了一個起搏器，如前所述，小腦經重要的神經路徑緊密地連繫着前額葉皮質。這些病人可以隨意調節該起搏器的活動，每當他們開始產生幻覺，他們只需要轉動按鈕，增加對小腦的刺激，其幻覺便會消退。透過這個方法，大多數患者都有顯著改善，甚至有幾個能夠出院。由於韻律運動對小腦有很大程度的刺激，可以

得出的結論是，韻律運動可扮演有如起搏器的角色，即是經由令小腦刺激大腦前額葉皮質。

另一項由希斯和其同事進行的研究顯示，有較高比例被診斷患有精神分裂症的病人（介乎於 33% 至 60% 之間）會出現小腦蚓部萎縮（即細胞減少），而這部分有着重要的神經路徑連至前額葉皮質。[81] 小腦蚓部的功能受損足以解釋為何前額葉皮質得不到足夠的刺激，而造成小腦蚓部萎縮的一個常見原因是重金屬毒性。

小腦蚓部萎縮和前額葉皮質的功能受損，可解釋為何一些精神分裂症病人的內心感覺被剝奪的情況是如此明顯。

◀ 精神分裂症的陽性和陰性症狀

精神分裂症的一些症狀，如出現幻覺和妄想等，稱為陽性症狀，這些症狀是由過度的負面反饋觸發邊緣系統的過度活躍和前額葉皮質的功能關閉所造成的。患有精神分裂症的病人，其前額葉皮質功能受損會產生所謂的陰性症狀，如情感遲鈍、被動、冷漠、對周圍事物不關心和判斷力差，這些陰性症狀常見於一些長期患有精神分裂症的病人身上。

韻律運動訓練會以不同的方式改善精神病的症狀。在急性的病例中，如出現嚴重的陽性症狀，妄想和幻覺會因訓練而減少產生，這是由於韻律運動會刺激前額葉皮質的活動，從而使邊緣系統和前額葉皮質建立了一個良好的平衡。

而對出現嚴重的陰性症狀的長期精神分裂症患者而言，韻律運動會刺激前額葉皮質，從而改善這些症狀，使他對身邊的人更加感興趣、更主動積極及減少退縮反應。

◀ 精神病是一種語言障礙

韻律運動訓練有助精神病人走上長期復康之路，因為在進行運動期間，其焦慮會隨着可怕的精神幻覺在夢境中成形而減少。做夢使病人學會分辨內心和現實的世界，從而減低焦慮的情緒。當焦慮減低時，其邊緣系統便不會在不受控制的情況下被激活，使得容易保持內心的平衡及和諧，避免了精神病的出現。

一位精神病患者或多或少已喪失了分辨內心和現實世界的能力，更往往把其內心的象徵世界投射於現實中。這些內心的象徵可說是一種生理上或情感上的內在堵塞或故障。而精神病是由於這些內在象徵走在最前列。克斯廷‧林德經常說，精神病是患者把他的眼睛向內看，以及使用內在的象徵式語言來解釋他的問題給自己和身邊的人的一種情況。

韻律運動訓練使生理上或情感上的堵塞在夢境中體現出來，這會允許大腦皮質的語言（即是已學懂的會話）與邊緣系統天生的象徵性語言產生內部對話。當一個精神病患者做夢，而該夢境是一些他的幻覺或妄想的體現時，他便會明白到其培養出來的幻覺或妄想並不是外在的真實世界，而只

是內心世界的象徵，這可能會是一個重大的安慰，因為患上精神病所經歷的現實情景遠比從夢中經歷而醒來可怕。通過邊緣系統的象徵性語言與大腦皮質的理性語言的對話，精神病便可能得到治癒。

案例報告：洛塔

一個我在 1980 年使用韻律運動訓練治療病人的個案，可以說明做夢的治療成效。洛塔是一名已患有妄想症數年的三十多歲的女性，她十分害怕會被謀殺，在患病期間，她是不敢出門的。她曾經歷過，有人來到她的住所，把她壓在床上，她當時出現的想法是她會被切成碎塊。她也十分害怕其前度男友會到其住所殺死她。

在兩年間，她曾經割傷自己的手腕三次及濫藥一次。她曾住院十次，在住院期間，她有服用抗精神病藥，並能迅速出院，可是回家後她經常停止服藥及拒絕門診部接觸她。在她最後一次住院時，她認為她從收音機中聽到自己應當自殺，結果她深深的割傷自己的手腕，這一次，她手腕筋腱的傷口需要縫合起來，而前臂需要打上石膏。

在這次住院期間，她同意開始進行韻律運動訓練，我在病房內向她展示韻律運動。她開始每天進行運動，當她出院時，她告訴病房醫生韻律運動已經幫助她瞭解

自己的想法，並能得到更好的內心接觸。她維持每天進行兩至三次的韻律運動近兩年的時間，還跟我進行定期的治療療程。至少在往後的兩年，她並不需要再次住院，之後，由於我辭掉工作而不得不結束了她的療程。

洛塔於進行韻律運動訓練時出現的夢境

當洛塔進行韻律運動時，她不斷做夢。三個月後，她的夢境變得相當暴力，令她感到非常憤怒。她夢見她的前度男友死了，她還參加了他的葬禮。在這個夢境，她想到自殺和走進精神科診所，但後來，她改變了主意。數天後，當她做了一些有關於戰爭的夢境，而在夢中有人受傷和死亡，她的感覺就好了很多。在另一個夢境，她被蛇咬傷。

數月後，她夢見一個男子試圖在教堂內強姦她，她殺了他，把他砍成碎塊，並把他放在她隨身攜帶的一個塑料袋。在進行韻律運動七個月後，她夢見她的前度男友謀殺了瑞典首相奧洛夫‧帕爾梅，而且她也被當眾貶斥，所以她決定自殺，並得到一名醫生的協助，該醫生為她割傷手腕及綁上繃帶。當她告訴我這個夢境後，她補充說，在她最後一次割傷自己的手腕時，她認為她的前度男友已殺死奧洛夫‧帕爾梅，因此她決定要殺死自己。

隨後的數個月，她感覺良好，還做了幾個關於她和她母親的愉快夢。接着，在進行韻律運動一年多後，她

的病情變得惡化起來和開始感到害怕。她夢見有人闖進
她的住所，勒死她或向她開槍。這些夢境讓她想起了患
上精神病時的經歷，她現在能告訴我，她如何經常蜷縮
在一個角落中等待某人來殺死她。

　　在出現這些夢境之後，她感覺好得多了，並開始
夢見自己成為一家大公司的經理，而且在公司內非常成
功，她與每個人都相處得十分融洽。

　　往後的一年，洛塔繼續進行韻律運動，期間她穩步
好轉，大約差不多兩年後，她說她已經有多年沒有如此
良好的感覺了。

◀ 夢境是從精神病中復康的一種確認

　　如前文所述，前額葉皮質可以被視為一個全面的作業
系統，其任務是協調所有跟外在環境和內在需要有關的活動
能力、才能和創造力。前額葉皮質好比一個人及其大腦的經
理或行政總裁，正如我們所知，精神病患者的前額葉皮質是
不相連的。

　　一個精神病人會以國王、首相或父親死亡的想法，來
把這種大腦不連接的情況象徵性表達出來，這種妄想在精神
病中是最常見的。在首相奧洛夫‧帕爾梅被謀殺後，很多
病人都妄想自己殺死了他，洛塔是其中一個，她認為她的前
度男友殺死奧洛夫‧帕爾梅，因此決定自殺。直至在她進

行了韻律運動八個月後,出現這個相同的夢境,她終於有能力辨別這是一個幻覺。夢境允許大腦皮質的語言與邊緣系統的象徵性語言產生內部對話,讓她得到一個新的角度明白她這些錯誤的想法。

如果父親、總理或國王可被視作是前額葉作為思想和感情之間協調的象徵,那麼,母親或皇后可被視作為邊緣系統或情感的象徵。

在洛塔的個案中,她夢見有關奧洛夫‧帕爾梅的事件後,便做了幾個與她母親有關的愉快夢境。愉快的夢境表示,洛塔的情感在進行韻律運動之後再沒有像以往般包含着恐懼和內疚。而夢見成為一家大公司的經理,並且非常成功,和每個人都相處得十分融洽,這是一個明確的表示,她的前額葉皮質能發揮其內在的領導能力,使她情感上感覺良好。就此,她明確地說道,她已經有多年沒有如此良好的感覺了。

◀ 前額葉皮質切除手術作為一種治療慢性精神分裂症的方法

在二十世紀三十年代,有研究人員進行多項實驗將黑猩猩的前額葉皮質和邊緣系統的連繫切斷,他們發現,一直有嚴重脾氣暴躁的黑猩猩在手術後變得性情溫順。[82]

有些醫生想嘗試使用這種方法去醫治患有嚴重精神病

的病人，看看是否有成效，這想法遠在有效的抗精神病藥物面世時已經存在。在 1935 年，前額葉皮質切除手術（簡稱腦葉切除手術）首次在人類身上進行，此後，這個方法在精神病學界愈來愈流行，原本有幻覺和暴力傾向的精神病患者於手術後都會變得容易受控制、冷淡、被動和毫無意志力。在 1949 年，該手術的始創者獲頒發了諾貝爾獎。

在二十世紀四十年代末的時期，瑞典的精神病院源源不斷地為病人進行腦葉切除手術。在瑞典，共有 4,500 名精神分裂症患者成為了這方法的受害者，這些患者當中，估計有六分之一於手術過程中死亡。直至有一名瑞典醫生在 1951 年提出強烈抗議，並公佈了有關的二十一個手術個案中，有 6 名病人死亡，隨之引起大眾嘩然，媒體上亦有激烈的辯論，但這方法在六十年代仍在使用。[83]

腦葉切除手術使人致命和造成無法治癒的影響逐漸得到確認。手術後，病人的性格會完全改變，其家屬更發現，他們的行為像兒童般，他們感興趣的事情很少，而且變得容易分心。有時，他們會變得異常懶惰，有些則表現出不能自制的爆炸性脾氣、愛說話和大笑。他們失去了同理心和感受世界的能力，同時也失去了對社會事務、政治和書籍的興趣。

一名瑞典精神病學家瑞蘭德醫生（G. Rylander）為曾進行腦葉切除手術的病人做了一項研究，他發現，一些內省程度較高的病人留意到手術後無法像以前般有能力去感受世界，他們覺得在身體內的某些東西已經死亡。一名在手術室

內工作的護士對病人遭受的損害深表同情。在研究中，瑞蘭
德訪問了病人的家屬，一名母親描述，她的女兒在手術後失
去了與他人感情上的聯繫，以及難以觸碰內心深處的情感。
一般曾進行該手術的病人的家屬，皆認為手術後病人會有一
種說不出的人格改變。[84]

◀ 通過前額葉皮質去「記住我們的未來」

我們必須問到，為何切斷前額葉皮質及邊緣系統的連
接，會是一種有效的「療法」去「醫治」有暴力幻覺的精神病
患者，這似乎與精神分裂症是由於前額葉皮質功能受損所引
致的理論不一致。但是，這個明顯的矛盾是很容易解釋的。

精神病患者或多或少會關閉來自現實世界的感官印
象，並往往被焦慮所控制，因而只着重於內在的象徵符號、
圖像和情緒。進行腦葉切除手術後，情況會逆轉，病人失去
了接觸自己的情感和內在圖像的能力，往往主要受到外界環
境刺激所影響。

我們的前額葉皮質會以目前的情況和以前經驗過的類
似情景作為基礎，然後對將來產生憧憬。曾有人說，前額
葉皮質能使我們有能力去「記住我們的未來」。由於有這種
能力，我們可以保持長期理性來達到或實現對我們很重要的
事，和避免我們的行動出現不必要的後果，使我們不會像孩
子般衝動處事。我們可以想像及理解不同的處事方法及其後

果，並會檢視這些後果如何引起不同的感情和反應。

在緊張的情況下，我們或許會失去理性的規劃和決策的能力。如果我們感到受威脅，可能會令我們覺得害怕或焦慮，而這種威脅不一定是很明顯的，只要是覺得備受批評或忽視，或遇到「無關痛癢」的失敗，都已經足夠使我們感到焦慮。如果目前的情況讓我們想起了一些以往類似的創傷經歷，我們的感覺會出現某程度的點燃作用，前額葉皮質或多或少地出現不連貫，我們便會失去判斷力和清晰的思考能力，因此，我們會變得極度受驚或大發脾氣。

在正常情況下，我們會在一段時間之後冷靜下來，就此而已；但如果我們有容易患上精神性疾病的傾向，這種反應可能會觸發精神病的產生。當這種點燃作用使邊緣系統發送信號給製造多巴胺的中腦細胞核，以減少它們的活動時，前額葉皮質的活躍程度便會降低，令到該人失去了現實的基礎。

然而，曾進行腦葉切除手術的病人已不會再感到恐懼、焦慮和受威脅，因為邊緣系統和前額葉皮質之間的連接已經於手術時被切斷。而且，因為這樣的人已經失去了「記住未來」的能力，所以他的邊緣系統不會再出現點燃與可怕的想法。他的感受通常會變得遲鈍，但在某些具體的情況下，病人可能仍有情緒反應，然而，這樣的情緒會很快過去。

◀ 釋放現象

腦葉切除手術是將邊緣系統從前額葉皮質的調節控制釋放出來，這會導致所謂的釋放現象，如不乖巧、判斷力差、情緒不穩定、有亂發脾氣及極度興奮的傾向等，以上都是於腦葉切除手術後會出現的。

情緒變得不成熟、專注力出現困難和難以集中精神等也屬於釋放現象，原因是前額葉皮質已不能支配邊緣系統的活動。

進行腦葉切除手術後，病人的大腦功能更像一名孩子，無法計劃及承擔責任。由於無法想像未來和後果，缺乏判斷力成為顯著的特點。

◀ 韻律運動訓練與慢性精神病

在九十年代初，我獲邀請在一間瑞典精神病院使用韻律運動訓練，治療一群嚴重精神病患者。這些病人大多數已住院十年以上，並需要服用重劑量的藥物，他們表現出很多負面的症狀，如懶惰、被動、情感遲鈍和缺乏對身邊環境的興趣。這些病人大多都同意每天在工作人員協助下進行韻律運動。

幸運地，我們有機會做一個關於病人使用韻律運動訓練的效果的科學研究，這個研究也同時有一組類似的病人作

為對照組。不幸的是，這項研究並沒有立即進行，而是直至
治療組已進行運動數個月後才開始，因此初期出現的改變不
能記錄。

　　儘管如此，兩年後的評估報告顯示，治療組比起對照
組，有以下幾個方面的改善：治療組的病人表現出對身邊的
事物更感興趣，更多參與社交活動，如職業治療和負責病房
中不同的日常雜務，他們有更強的自我感覺和變得較少煩
躁。[85]

　　這個結果再一次證明，韻律運動訓練對前額葉皮質所
起的作用，對治療慢性精神分裂症的症狀有正面的效果，並
令病症明顯得到改善。

第十四章

食物不耐受與
韻律運動訓練

◀ 注意力失調是大腦延遲成熟的結果

正如前文提及，專家們均認為多動症是由基因引起的，另一個解釋是，孩子的大腦基於某些原因在童年時期未能得到足夠的刺激，使神經元難以發展及建立新的突觸。一旦嬰兒的運動能力發展受阻及未能進行任何運動，大腦的發育便會受到影響。孩子如果未能從運動中取得足夠的刺激，大腦的發展過程便會延遲或者受阻，導致缺乏神經傳遞物質，造成注意力失調。

很多情況如早產、在分娩過程中造成腦創傷、遺傳因素、接種疫苗、手機發出的微波及電磁輻射、食物不耐受、中毒或疾病等，都有可能影響孩子的運動發展。這些因素可能會導致嬰兒跳過一些運動發展的重要步驟，阻礙他們的運動發展及其大腦的成熟化程度。

孩子缺乏從至親得到感官刺激，經常被單獨留下在缺乏觸覺或前庭覺的刺激，或者被安排長時間坐在學步車或車

輛座椅而甚少在地上自由活動，都會妨礙大腦正常的發育。

◀ 自閉症患者的過動行為的成因

　　前文已解釋，大部分的自閉症症狀的主要成因，大腦刺激不足是其次，首要的是大腦發炎的過程。大腦某些部分尤其小腦會發生大量的免疫反應，另一個引致大腦炎症的原因是谷氨酸的累積，這是因為缺乏GABA或未能把谷氨酸轉化為GABA。在這個情況下，大腦遇到任何一種刺激如情緒壓力大、過多想法、生理活動因素或因腸漏產生出肽，都會令神經元持續不受約束地運作，這會造成自閉兒的過動及自我刺激行為，他們往往在進行韻律運動後難以平靜下來。

　　恐懼麻痺反射及擁抱反射在自閉症中經常是活性的，這造成交感及副交感神經系統出現失衡，並較側重於前者。這會引致患者對聲音、光線、影像、接觸、前庭刺激、氣味及味道過度敏感，以及出現某些症狀包括對眼神接觸感到壓力、對壓力的容忍度低、恐懼黑暗及經常出現前庭敏感性強、有暈動病傾向及難以保持平衡。

　　這也解釋了為何自閉兒會對進行刺激前庭覺的韻律運動感到困難，他們往往會感到噁心及頭暈、身體僵硬或者想逃跑。

◀ 自閉症與多動症的過動行為和情緒反應的相似成因

患有多動症、運動或語言能力障礙，或者學習困難的兒童，跟自閉譜系的兒童一樣，對進行韻律運動都出現相同的反應。他們在進行運動後會變得過動，甚至出現自我刺激行為，這些表現均反映他們未能將谷氨酸轉化成GABA，因此容易受到過度的刺激。

因此，除了於嬰兒時期大腦得不到足夠的刺激外，亦有其他因素導致多動症的注意力不足及過動問題。造成自閉症的模式亦可能出現在多動症兒童身上，他們均有接種疫苗、接觸重金屬及暴露於電磁場中，但可能不會如自閉症患者般容易受損。這些因素在過往幾章也有提到，食物不耐受（尤其麩質和酪蛋白）導致患有多動症和運動或語言能力障礙的兒童跟自閉兒一樣出現過動及自我刺激行為。本章主要會以食物不耐受為中心，詳細講解為何此病症會引致情緒反應、神經疾病、多動症和相關的病症。

◀ 食物不耐受與韻律運動訓練

麩質不耐受均會於自閉症、多動症，以及學習和運動障礙的患者引起大量相似的症狀，包括注意力和集中力不足，這是由於小腦發炎及其功能障礙影響前額葉皮質的運

作。小腦發炎亦會引起發音及語音問題，可能造成讀寫障礙中的語音困難。小腦發炎也會導致運動、平衡力及身體協調的問題。

麩質及酪蛋白會令腸道產生肽，這些肽會經血管流至大腦，觸發恐懼麻痺反射，繼而造成谷氨酸的累積及小腦發炎。小腦發炎的症狀包括過動、強迫症、攻擊性行為、情緒爆發、抑鬱、焦慮不安和精神病症狀等，出現這些症狀反映孩子需要進行飲食管理，以避免在進行韻律運動時出現過度的情緒反應。飲食管理也可以幫助整合恐懼麻痺反射及減少過動、注意力不足和感官過敏的情況。

◀ 乳糜瀉

在現今社會，麩質敏感和乳糜瀉成為了注意力不足、多動症及學習困難的成因。這些病症可以在任何年齡出現，包括兒童和成年人。在一些個案中，孩子開始進食穀類食物時便會出現症狀，但也會在童年時期才慢慢出現症狀。

乳糜瀉發現於 1950 年代，這是一種慢性免疫介導性的小腸炎症，常見於基因上容易患有敏感的人士。此病症是由小麥中麩質的麥醇溶蛋白，以及於斯佩爾特小麥、黑麥和大麥中所找到類似的物質所引致的。這些物質可使腸道黏膜內出現炎症，導致腸黏膜扁平。乳糜瀉通常可經血液測試和腸道活組織檢查診斷出來。以往乳糜瀉被視為一種帶有腸道症

狀的疾病，但現今發現乳糜瀉患者有時候並不會出現任何腸
道症狀。一般認為，乳糜瀉患者的數目佔總人口約 1%，但
現今患者人數不斷急速增加。在瑞典，兒童的乳糜瀉發病率
從 1990 年至今增加了五倍，由 0.5%上升至 2.5%。

◀ 麩質敏感

　　直到 2012 年，麩質敏感才得到 16 位世界首席麩質研究
者一致確認為新型的麩質引致的相關病症。如果麩質抗體測
試結果呈陰性，但當進食含麩質的食物後，仍然會出現輕微
或嚴重的症狀，這種情況稱為麩質敏感。一般認為，麩質敏
感比乳糜瀉更為普遍。有研究人員估計，可能有高達三成的
人口出現麩質敏感。

　　麩質敏感與乳糜瀉的症狀相似，因此它們不能於臨床
上被分辨出來。症狀可能包括腹痛、濕疹或皮疹、頭痛、
精神迷惘、疲勞、腹瀉、抑鬱，以及腿部、手臂和手指出現
麻痺和關節痛。就算沒有出現腸道症狀，腸黏膜都會受到影
響，阻礙營養和維生素的吸收。

　　然而，只有很小量關於麩質敏感對人類健康的長期影
響的研究，目前唯一的判斷方法，是透過觀察排除麩質會
怎樣改善健康和體魄。除了腹部症狀，麩質敏感亦可引致
行為、情緒和神經上的問題。對於沒有標示出現乳糜瀉的
人，排除含麩質的飲食已顯示可以減輕抑鬱和焦慮的情況。

患有多動症或注意力缺乏症的兒童在進行無麩質的飲食後，他們的行為問題往往得以改善，自閉症患者的行為及神經系統問題亦然。

◀ 麩質與神經損傷

　　愈來愈多證據顯示，乳糜瀉和麩質敏感的首要攻擊的對象並不是腸道，而是大腦和神經系統。有研究證實無麩質的飲食可成功治癒麩質敏感患者的頭痛。

　　在新西蘭，兒童腸胃病學和過敏診所的羅德尼・福特醫生（Dr. Rodney Ford）認為麩質的根本問題是：「它會擾亂身體的神經網絡……麩質會導致患者神經受損，不論他有沒有乳糜瀉」。他亦指出「證據顯示神經系統是麩質首要攻擊的對象」。[86]

　　神經系統症狀相信是由抗麥醇溶蛋白的抗體所引致的，麥醇溶蛋白會經血管流至大腦，造成自體免疫反應，尤其是小腦中的浦肯野細胞會遭受破壞，而小腦是負責控制協調和平衡，並且對言語和執行功能至關重要。不論是否患有自閉症，當這些細胞遭受破壞，兒童的語言能力將受到影響，造成較遲的言語發展和說話不清楚。這些情況在過去十多年似乎是不斷增加。我見過很多兒童在五歲或六歲時，均出現不同嚴重程度的言語問題，他們部分在發展出言語後會在發音、文法和語彙運用各方面有很差的表現。嚴重的運動

障礙，以及平衡和協調困難也是常見的，尤其是那些未能說話的兒童。我通常會建議他們要進行無麩質及無酪蛋白的飲食，以控制小腦的炎症狀況。經過一段時間後，我會建議他們進行韻律運動，韻律運動一般都能有助改善症狀。就算未開始進行韻律運動，無麩質及無酪蛋白的飲食都通常已能改善其言語問題。

◀ 什麼情況應該懷疑患上麩質引致的相關病症？

當嬰兒和年幼兒童患上乳糜瀉或麩質敏感，他們可能會出現腹瀉或便秘等症狀。這些兒童的體重未能增加，他們會像嬰兒般哭喊和患上運動障礙。麩質引發的症狀亦包括言語發展遲緩及平衡力和身體協調問題，但如果神經測試找不出致病原因，就可能是患上乳糜瀉或麩質敏感。

對於較年長的兒童，腸道可能不會出現任何症狀，因此病症容易被忽略。然而就算沒有腸道症狀，礦物質和維生素的吸收都會受阻。由於缺乏鐵質或維生素B12，兒童和成年人都可能會患上貧血，這也是麩質引致的相關病症其中常見的情況。成年人如果缺乏維生素B12，其周邊神經（尤其是腿部）可能會受損，症狀包括麻痺、失去感覺及神經痛。

此外，孩子如果容易受到干擾、對感覺過度敏感、極度害羞或怕黑，都可能是因為麩質敏感所致。麩質引致的

相關疾病症狀亦包括易怒、情緒爆發、過動、對立行為、強迫症和抽搐。很多患上乳糜瀉或麩質敏感的兒童會對麩質上癮，經常會局限自己的飲食，只進食麵包和意大利麵。

乳糜瀉可以在童年時期任何時候出現，有一半的個案都是在七歲後出現的，麩質敏感的情況亦大致相似的。當患上麩質引致的相關病症，通常會留意到健康或行為有轉差的跡象，同時也會出現抑鬱、易怒、恐懼或強迫症等症狀。專注力及集中力問題會浮現出來，學習表現會變差。患者亦會有消化症狀如便秘、稀糞、腹脹或疼痛。兒童患者會出現頭痛和偏頭痛，也有些患者會有皮膚症狀如濕疹或暗瘡。

◀ 酪蛋白不耐受

根據我的經驗，酪蛋白不耐受常見於患有多動症的兒童，其症狀包括：
- 敏感及濕疹
- 哮喘
- 消化問題、便秘、腹脹、間中有稀糞和肚痛
- 容易脾氣暴躁
- 尿床
- 對酪蛋白有上癮的情況

另外，患有酪蛋白不耐受的兒童亦可能有以下情況：
- 像嬰兒般經常哭喊

- 對牛奶過敏
- 嬰兒腹絞痛
- 嬰兒早期出現餵哺困難
- 嬰兒早期出現睡眠困難
- 童年早期身體不停出現感染的情況，尤其在耳部
- 腺樣體和扁桃體腫大
- 像嬰兒般行動顯著緩慢和怠惰

　　酪蛋白不耐受在自閉症兒童身上是非常常見的，部分高功能的自閉兒甚至對酪蛋白比麩質更敏感。酪蛋白（即牛奶蛋白質）不同於乳糖（即牛奶糖分)，無乳糖的奶類對酪蛋白不耐受的患者而言，其實就如普通奶類一樣有害。

　　酪蛋白不耐受會產生與麩質敏感相似的症狀，例如集中力及注意力問題。抑鬱、易怒、恐懼症和強迫症都可能會出現。酪蛋白不耐受也會觸發恐懼麻痺反射，令感官過度敏感。酪蛋白不耐受最典型的症狀是情感爆發，這情況可以十分嚴重，相比於麩質引致的相關病症，酪蛋白不耐受的情感爆發症狀更為普遍。

案例報告

　　一名九歲女孩亦因為閱讀問題來拜訪我，同時當她閱讀超過數頁便會出現視覺上的症狀。她沒有食物不耐受，她的恐懼麻痺反射及擁抱反射已經整合，她的感官

亦沒有過度敏感的情況。然而，她的眼睛調節卻有嚴重問題，她需要努力地進行韻律運動一段長時間，閱讀能力才有所改善。最後，她能夠閱讀十頁而未有出現任何視覺上的症狀。但當她下一次拜訪我時，她完全不能閱讀，因為她覺得文字正在移動並且變得模糊，當她閱讀時，症狀就會立刻出現。我檢測到她的恐懼麻痺反射是活性的，她亦對光線及視覺刺激物非常敏感。我問女孩近來發生了甚麼事情，她說她母親買了一部智能手機，女孩以前從未使用過智能手機，但自此之後每天都以3G上網達一小時。我向女孩示範一些針對恐懼麻痺反射的運動，她的母親也把智能手機收藏起來。

　　當女孩再次拜訪我時，她的閱讀能力進步了很多，她亦對光線減少了敏感反應。但是，她後來出現腹部症狀如腹痛及腹脹，我為她檢查時發現她原來對麩質敏感。當她剔除麩質、酪蛋白及大豆後，她的腹部症狀便減輕了，眼睛調節及光線敏感的情況也有所改善。除了感染及接種疫苗外，只有電磁場這個明顯的因素才會令女孩患上麩質敏感，當她接觸高水平的電磁場時，她仍會出現腹痛。

第十五章

什麼是讀寫障礙？

◀ 專家對讀寫障礙和閱讀及書寫困難的理解

根據一份由 22 位瑞典讀寫障礙研究人員發表的共識聲明所說，我們應該區分讀寫障礙及一般的閱讀和書寫困難。讀寫障礙被認為是有語言生物學的基礎的，有讀寫障礙的孩子「在閱讀或書寫時沒有成功地控制其語言的聲音」。根據那份聲明，這些困難通常都是有遺傳基礎的。[87]

另一方面，閱讀和書寫困難的成因，除語言生物學的問題以外，是由於孩子在家庭和學校裏沒有足夠的語言發展的必要條件。

多位發表共識的研究員對其他關於讀寫障礙的理論持不同意的態度，他們均表明，反對讀寫障礙是由於視覺障礙、運動發展不良、缺乏某種營養素或大腦處理聲音信號的互動能力不足等而導致的。

◀ 如何提供最好的協助給有閱讀和書寫困難的兒童？

　　愈來愈多瑞典兒童在完成九年強制性的教育之後，也未能掌握基本的閱讀與書寫技巧，因此，他們的英文跟瑞典文也沒有達到合格的水平。根據這些研究人員的理論，其中一個重要原因是教師的能力不足，他們不知如何教導兒童閱讀。然而，研究人員所提出的強化閱讀的學習方法，不單沒有成效，反而使問題變得更嚴重。在 2008 年，大約有 11%的九年強制性教育的學生未能順利升上高中。

　　當學校未能適當地教導孩子學習，很多家長都會選擇校外支援，並發覺這些幫助又快又有效。通過運動訓練、反射整合法、按摩或聲音的刺激，許多孩子都能有效地改善其閱讀能力，使他們能夠跟上學校的功課。

　　之前提到發表共識聲明的 22 位研究人員，理應了解一下上文下理的背景資料。在最差勁的傳統教學中，他們完全只集中證明自己的理論的正確性，以及駁回所有的替代方法，但這些替代方法往往在實踐中也被證明是有效的。顯然，即使是可幫助兒童更容易掌握閱讀和書寫，他們也想防止這些非正統的方法在瑞典學校使用。根據我的經驗，他們已經成功地防止學校的領導者使用這些途徑幫助有閱讀和書寫問題的兒童。

　　在以下章節中，我會全面剖析被那 22 位研究人員倉卒地摒除的讀寫障礙的成因，我的目的是解釋為何運動訓練和

反射整合比強化閱讀和語言的密集式訓練更為優勝。

◀ 感覺過程

　　閱讀和書寫是一個包括許多附屬步驟的複雜過程。為了讓我們能進行閱讀和書寫，必須有一個完整的感覺過程，以接收感官印象（字母、單詞或符號），並將它們傳送到大腦新皮質的特定區域。通過感知過程，我們會意識或注意到感覺的輸入。新皮質的不同區域必須共同協調成為一個單一的神經網絡，才可以讓閱讀過程的功能發揮出來。

　　要讓感覺過程的功能發揮得淋漓盡致，我們的感官和大腦要充分的合作。基本運作正常的眼部功能不足以讓我們有良好的視力，而是要雙眼共同合作（雙眼視覺）和恰當地移動，並且能夠改變眼睛的晶狀體從近到遠的聚焦能力（調節）。所有這些能力都是由大腦各個層次的不同區域所控制，它們之間須共同合作。因此，運動能力是視覺技巧如調節、雙眼視覺及眼球活動的重要基礎。

◀ 感知過程

　　感知過程依賴感覺過程的運作，大腦新皮質各區域皆會處理從外界接收的感官印象，從而使我們能夠意識到它們。

視覺印象、聽覺印象和感覺印象分別於大腦枕葉、顳葉及頂葉前部處理。如果感覺過程不能正常運作，大腦新皮質的相應部分便不會得到足夠的刺激，繼而妨礙這些區域的正常運作及認知過程。

感知過程也依賴我們的警覺性和新皮質的覺醒。當我們聆聽一個令人厭煩的課堂，新皮質的覺醒便隨之下降，我們便會開始發白日夢。我們將不再覺察到四周環境的刺激，而這些刺激本來都是應該由新皮質處理的，但現在我們的意識會傾向於邊緣系統所處理的舊記憶和想像。因此，我們會聽到講師說話，但不知道他所說的內容。

一個類似的情況是，當我們大聲朗讀書本時，突然發現腦海中想着其他事情，而對所讀的內容毫不理解。在這種情況下，閱讀過程已經是完全自動化的。

另一個情況是，聆聽講師以外語教學或教授一個非常複雜的抽象課題，這會使我們在理解講課的內容上遇到很大的困難，我們需要很吃力地去解讀它。雖然我們盡量保持專注和集中，但是可能很快便感到疲倦，繼而放棄了解講課的內容和開始發白日夢。

◀ 能夠閱讀即是代表閱讀已變成一個自動化的過程

一個未學懂正確地閱讀的孩子，跟以上所述的情況相

類似。閱讀的過程、對字母和文字進行解碼，以及費力地讀
出字句等，都可能需要孩子付出很多注意力，但結果卻真的
無法對內容有一點頭緒。對駕輕就熟的閱讀者而言，閱讀過
程是完全自動化的，閱讀者的認知能力會集中於理解課文。

　　成年人跟兒童的閱讀過程是截然不同的：成年人在閱
讀時會想着另一些事情，而兒童未學懂正確地閱讀，兼且會
對理解課文內容感到吃力。成年人閱讀是自動進行的，他若
不理解當中的內容是因為他正在想着其他事情，而兒童不懂
得正確地閱讀，又對理解內文感到吃力，原因是他們還未能
協調有關閱讀的神經網絡和令閱讀過程自動化。

　　大多數的兒童都經過或多或少刻苦的練習，從而漸漸
地學會閱讀，正如大部分成年人學習駕駛車輛一樣，需要不
斷去練習。可是，有些兒童於協調閱讀過程面對很大的困
難，因此不能達到自動化閱讀的水平。

◀ 導致閱讀和書寫障礙的不同成因

　　所有出現閱讀障礙的兒童的共通點，是無法把閱讀變
成自動化的過程，儘管他們不停地進行密集式的練習。研究
人員嘗試提出不同的理論去解釋這種情況，但他們的理論對
讀寫障礙專家來說已流於過時，讀寫障礙現今的唯一成因是
語音方面的能力失調。根據認同此說法的瑞典專家所說，改
善讀寫障礙是什麼也不能做的，除了加強閱讀的練習之外。

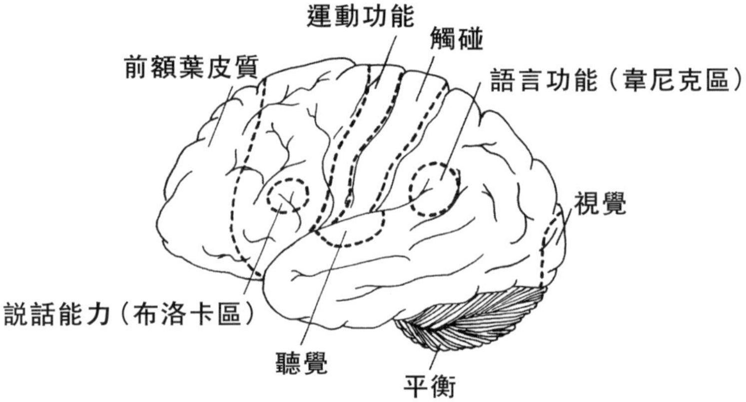

運動功能
觸碰
前額葉皮質
語言功能（韋尼克區）
視覺
説話能力（布洛卡區）
聽覺
平衡

圖二十一：跟閱讀有關的各個大腦區域

　　另一個處理閱讀和書寫困難的方法是，個別地了解對孩子造成困難的具體挑戰。現代的研究顯示，孩子能夠閱讀和書寫，是需要位於新皮質和大腦不同層次的各個區域，透過一個神經網絡進行統一的協作才可達成的。至於為何有閱讀困難的孩子的神經網絡不能正常地運作這個問題，並沒有一個簡單的答案，成因是因人而異的，我們可以運用不同的方法去了解阻礙個別孩子閱讀和書寫的主要成因，以及如何刺激相關的能力。

　　現時沒有一些精密的方法去評估大腦各部分的活動能力，像正電子發射斷層掃描（PET，簡稱測量大腦的血流量）或核磁共振成像（簡稱MRI），便會出現不同的結論去解釋閱讀障礙的成因。首先及最重要的是進行深入的面談，去了解孩子閱讀障礙的類型、表露的方式及主觀的症狀。通過使用簡單的方法對其運動能力、反射、視覺及聽覺進行測試，

便可以找出其閱讀障礙的類型，以及判斷如何跟進刺激神經系統，繼而改善其閱讀能力。

◀ 導致讀寫障礙的各個理論

讀寫障礙的研究人員發現讀寫障礙兒童可分為數個子群組，通過對其閱讀能力和串字能力進行分析，博德（Boder）[88] 把讀寫障礙兒童分為三大類。

博德認為最常見的問題是語音分析困難，這組兒童閱讀時，會把文字理解為一個整體的圖像。他們的拼寫能力差，由於他們靠認出文字來閱讀，因此閱讀不認識的文字對他們而言是十分困難的，他們經常會瞎猜。根據博德的理論，這類兒童可歸納為語音障礙類型的讀寫障礙，這組佔整體讀寫障礙兒童差不多三分之二。

另一組兒童能處理語音分析，但視覺記憶差，是屬於較少的一群，約佔 10% 左右。他們一般在說出第一次見到的文字時會比較吃力，他們拼寫能力差，尤其是一些不規則的拼法。這組被稱為視覺詞義障礙類型的讀寫障礙。

第三組是讀寫障礙兒童中最難處理的一組，他們對語音分析和視覺記憶都會感到困難。他們對學習字母的名稱及記住它們的外形均經常出現問題，他們時常會把字母的位置調換和翻轉。跟其他兩組不同，這組的閱讀及書寫障礙情況一般都會持續到成年人階段。這組約佔整體的 20%。

耶辛（Gjessing）[89]也有一個相似的分類，他把讀寫障礙分成兩大類：聽覺功能障礙和視覺功能障礙。聽覺功能障礙相應於博德的語音障礙，這組對辨別相似的聲音如「b」和「p」會感到困難，此外，他們在閱讀時經常會瞎猜。耶辛稱這一組為聽覺功能障礙類型的讀寫障礙。

耶辛的另一組是視覺功能障礙類型的讀寫障礙，這一組相應於博德的視覺詞義障礙。他們把文字理解為圖像時會出現困難，並且於閱讀時完全依賴讀音，他們拼寫文字時只會根據它的發音，並會省略不發音的字母。

順序和同步的過程

根據感覺形態把讀寫障礙分類，已經備受批評，批評者強調讀寫障礙是涉及兩種不同的過程形態：順序和同步，而並非不同的感覺形態。

在同步形態下，文字會被理解為圖像或視覺的整體。而順序形態的特徵在於語音分析。

口語是順序地組織而書面語是同步地組織的，這兩種過程都必須正確地運作，使閱讀過程流暢和自動化。我們會運用同步過程去理解文字圖像，以及順序過程去理解課文。

理解字母語言的文字有兩種方法。如果是我們所熟悉的文字，我們可以直接從認出文字圖像來理解其含意。反之，我們便會按照發音分析音節和讀出來，看我們能否認出

這個文字。

在中文之類的語言，每一個文字是對應於一個圖像，運用順序過程來分析這些文字是不可能的，必須把文字以圖像記存。

艾倫（Aaron）[90]的研究顯示，兒童被診斷為語音障礙類型的讀寫障礙會於順序過程出現困難，而被診斷為視覺詞義障礙類型的讀寫障礙則會於同步過程中出現困難。

大腦左右半球的專門化模式

大腦兩側半球是有不同專門的工作。[91]普遍認為，大腦左半球是專門處理語言的工作，例如分析語音、說話和理解其含意，以及運用適當的語法和明白語文的意思。而大腦右半球是專門理解上文下理、了解隱喻，以及意識語調和情緒的含意。

大腦右半球的視覺區是專門接收我們所見的全貌（例如面孔），以及看到該空間範圍的細節。大腦右半球受傷的人在繪畫一件物件時會包含其細節，但卻不能有意義地連貫在一起，這些人對於描繪三維方面會有困難。

大腦中有兩個區域對語言尤其重要，它們分別為位於左額葉的布洛卡語言區，以及位於左顳葉的韋尼克語言區。布洛卡語言區受損，可能會導致無法說話，即所謂的表達型失語症；此外，也會影響運用和理解語言中的語法結構。韋

尼克語言區受損，會對清晰地表達自己和理解口語的意思感到困難。

　　研究發現，96% 慣用右手的人，他們的語言區是位於大腦左半球，根據研究人員的術語，這意味着偏好運用大腦左半球。而大部分慣用左手的人，也是偏好運用大腦左半球的，大約 70% 慣用左手的人的語言區是位於大腦左半球，只有 15% 慣用左手的人的語言區是位於大腦右半球，另外的 15% 是沒有特別的偏好，即是大腦左右半球都會被運用。[92]

　　在有關大腦半球的傳統觀念中，順序過程主要是由大腦左半球進行，而同步過程則主要是由大腦右半球進行。

　　然而，在過去幾年的研究中，已經引出了一個關於大腦半球的專門化模式的新理論。[93] 利用 PET 掃描（測量大腦血流量），可知在處理陌生的現象時，如不熟悉的文字、物件或符號等，會同時激活大腦左右半球。重複實驗的次數愈多，激活情況愈會下降，而大腦左半球的激活情況則保持不變。同樣的情況也會發生在我們看到面孔的時候，普遍認為這是由大腦右半球處理，但實驗證明，每次當我們接觸到陌生的臉孔時，大腦左右半球也會被激活，但在每一次額外的接觸時，大腦右半球視覺皮質的活動水平會出現下降，而大腦左半球視覺皮質的活動水平則會相對上升。

　　從這個研究中，我們可以作出一個結論：同步過程會於大腦兩個半球內進行，當我們面對陌生的現象時，大腦右半球的角色會比當我們面對熟悉的現象時更為重要。

如上文所述，大腦兩側半球的專門化模式有一個重要的作用，就是使大腦的不同部分負責不同的任務，從而增加大腦的效率。如果大腦的專門化模式不良，大腦的神經傳遞過程將會變得更加具整體性，進行複雜的神經傳遞過程如閱讀和寫作等，便需要更多的努力。因此，大腦的專門化模式不良可能是其中一個導致閱讀和書寫困難的原因。

第十六章

視覺障礙和讀寫障礙

◀ 視覺障礙和閱讀障礙

　　根據現代的讀寫障礙理論，讀寫障礙是由語音問題而不是視覺問題所造成的。然而，當研究人員就閱讀問題和視覺問題之間的關係進行研究，發現大約有 40% 至 50% 的個案，讀寫障礙的唯一或主要成因是視覺問題。但很多眼科醫生和驗光師也不相信讀寫障礙與視覺問題有關，因此許多孩子雖然透過配戴適合的眼鏡便很容易改善或矯正了閱讀障礙的情況，但卻得不到任何真正的幫助。

　　其實沒有必要將這些孩子明確區分為語音問題或視覺問題，尤其是有一些情況是兩者皆有的。此外，若視覺問題使慣用右手的孩子以左眼作為主導眼，當他開始學習閱讀時便會出現語音問題。

◀ 視覺與視覺技巧的發展

　　視覺是覺察、識別、演繹和理解我們所見的能力，這種能力並不是天生的技能，而是需要從嬰兒時期開始發展和學習，直至大約十二歲。視覺和運動能力的發展是互相影響的，通過進行嬰兒運動的內置程式，如抓握、把東西放進口內、俯臥時抬起頭部、肚皮着地爬行、利用雙手及雙膝爬行等，嬰兒學習發展他的視覺技巧。嬰兒若因為運動障礙而不能進行以上的嬰兒動作，便很有可能會發展出視覺的問題。嬰兒如果沒有學習如何去抓握物件並放進口內，便沒有機會去練習手眼協調、雙眼視覺和視覺融合。兒童沒有學習利用雙手及雙膝爬行，便無法練習雙眼由遠到近調節變換聚焦的能力，有可能影響眼睛調節的發展。

　　雙眼視覺及調節能力應該於出生後的第一年開始發展，而眼球運動及主導眼需要大腦的兩個半球充分協作；大腦兩個半球之間的協作是由非對稱性緊張性頸反射的整合所建立的，當嬰兒肚皮着地爬行和利用雙手及雙膝爬行，此反射便得到發展。

　　大腦兩個半球若要充分地協作，是需要胼胝體得到適當的髓鞘化才會發生的，此情況要在較後的時期才會出現，這也解釋了為何兒童於七至八歲時才能發展出眼睛追視一件正在移動的東西的能力，而追視時其雙眼並沒有停在中線或出現不規則的跳躍行為，以及解釋了他們為何大概到了十至十一歲時才會發展出其主導眼。

　　視覺技能，如雙眼視覺、調節和眼球運動，對於學習閱讀及閱讀能力的進一步發展是非常重要的。

◀ 雙眼視覺

　　從兩隻眼睛的視覺影像整合為一個影像的能力是一個重要的視覺技能，其中一個條件是我們要有能力指揮雙眼注視我們正在看着的物件，即所謂眼球轉斜。由於雙眼有一點距離，最終投在雙眼的中心視野（視網膜的中央，稱作「小窩」）的影像可能會有所不同，雙眼從不同的角度來觀看物體，這兩個影像最終會在視覺皮質上融為一個三維影像，即所謂的「融合」。

　　如果一個人不能指揮其雙眼，導致物體的影像不能投在中心視野，雙眼視覺便不可能產生，取而代之的是看見重疊的影像，或其中一隻眼睛會被抑制。如果一隻眼睛長期被抑制，該眼睛的視力會隨之下降，這種情況稱為斜視。當有視覺壓力（例如閱讀）而發生偶然的抑制，便稱為「暫停」。

◀ 隱斜視

　　有些人當他們的眼睛放鬆時，一隻眼或雙眼的方向會改變，跟患有斜視的人不同，他們仍然可以控制雙眼在空間

中注視同一個焦點，他們通常沒有雙眼視覺的問題，如重疊影像和抑制。

在休息狀態時，眼睛會傾向向內偏斜，稱為內隱斜；或向外偏斜，稱為外隱斜。更不常見的有上隱斜，是指其中一隻眼睛向上或向下偏斜。

跟斜視不同，雙眼視覺於隱斜視的情況下仍然可以發揮作用，但隱斜視的情況愈明顯，眼睛便愈拉緊，因此，患有明顯隱斜視的人在進行雙眼視覺活動時，有時需要付出很大的氣力，因而導致當他們感到疲倦和受壓時，其前額或眼睛附近會出現疼痛，他們的眼睛往往會感到疼痛或疲倦。

兒童患有明顯的隱斜視或雙眼視覺出現困難，可能無法將閱讀過程變得自動化，他們經常會於閱讀時出現前額或頭部後面位置的疼痛，或眼睛感到刺激。他們閱讀時會容易分心和十分緩慢吃力，理解和記着相關內容也有困難。當他們感到疲倦時，其眼睛不能應付雙眼視覺的較大需求，便可能會出現重疊影像或暫停，又或其中一隻眼睛會被抑制。

隱斜視可能會同時於近距離和遠距離的視覺出現，也有可能只出現於近或遠距離的視覺。

◀ 眼睛調節和近視

我們的視覺並不是設計給我們作近距離的工作的，視力會在做遠距離的工作時發揮得更好，這使我們容易找到

食物和發現我們周圍的威脅。然而,現代的文化使我們對視覺有相當不同的需求。從幼年時期,我們的眼睛已經需要習慣近距離的工作,有些社會文化中,孩子早在四歲或五歲的時候已經開始學習閱讀。當我們看較遠的東西時,其影像最終一般會投到視網膜上,為了使雙眼的焦點從比較遠距離移向近距離,我們的眼睛必須進行調節,這可以透過改變晶狀體的形狀——使它變得更球狀——而達成。晶狀體富有彈性和懸掛在四周的睫狀肌薄薄的絲線上。當睫狀肌放鬆時,我們的視覺便可調較至遠距離上。當我們的眼睛進行調節,睫狀肌會緊縮,晶狀體會改變其形狀使變得更球狀。兒童的晶狀體是十分容易改變形狀的,但四十歲之後,晶狀體會失去其彈性,即使睫狀肌緊縮,也改變不到晶狀體的形狀,這時候,我們眼睛的調節能力便隨之下降和需要配戴閱讀眼鏡。

　　眼睛在調節時,當睫狀肌緊縮,晶狀體會變得更球狀,而眼球的壓力也會增加。如果經常進行近距離工作(例如閱讀)使雙眼重複地進行調節,由於眼內壓增加,眼球將會變長,此適應方式是適當的,尤其是在近距離應用雙眼視覺時,因為這會減少調節的需求和出現眼睛拉緊的情況。不過,這種適應方式需要付出代價,因為當我們看較遠距離的物件時,其影像不再是投在視網膜上,而是在視網膜前面的位置,此影像會變得模糊。因此,我們便會出現近視,並需要利用凹透鏡來矯正受損的視力,使我們能重新清晰地看到遠距離的東西。

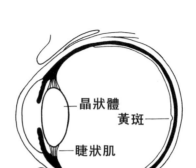

圖二十二：眼睛橫斷面，包括晶狀體、睫狀肌和視網膜黃斑

　　一個導致近視的重要成因，是缺乏調節能力，無法立即改變眼睛從近到遠或遠到近的焦距。孩子如有以上問題，往往需要用上十至二十秒或更多的時間，才能夠清晰地看見從黑板轉至書本的內容。孩子愈長時間在近距離工作或閱讀，睫狀肌便愈少機會得到放鬆，這也可能使睫狀肌痙攣而導致出現假性近視。在這種情況下，近視並不是由於眼球變長，而是因為晶狀體的調節能力被固定了。

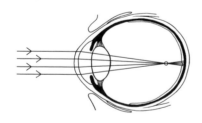

圖二十三：近視

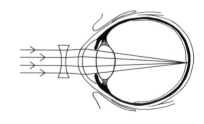

圖二十四：利用凹透鏡矯正近視

　　在這情況下，最適當的做法是給孩子配戴閱讀眼鏡來讓睫狀肌得到放鬆，這樣便可以防止近視的出現。

　　近視是不會發生在沒有書寫語言的人身上。

◀ 遠視、調節和輻輳

　　年幼的兒童一般都會有輕微的遠視，這表示眼球天生就有點短，所以他們需要對遠距離的視覺進行稍微的調節，使影像能清晰地投在視網膜上及不會變得模糊。這通常是不需要擔心的，因為兒童一般都有很好的調節能力。然而，有些兒童的眼球過短，即使盡最大的努力去進行調節，也不能使影像投在視網膜上，致使影像變得模糊，因此他們要配戴凸透鏡以便能清晰地看見近距離及遠距離的物件。

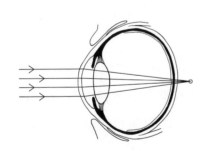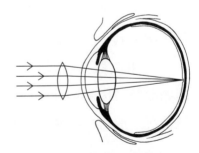

圖二十五：遠視　　　　　　圖二十六：利用凸透鏡矯正遠視

　　這樣顯著的遠視，成因未明。其中一個可能解釋是這些兒童因為一些運動障礙，使他們沒有充分地運用雙手練習眼手協調，由於其調節能力沒有得到足夠練習，這些兒童的

視覺只會集中於觀看遠距離。或許有運動障礙的兒童需要練習調節，以抵銷天生較嚴重的遠視。此外，如果調節能力緩慢（大部分有運動障礙的兒童都會出現此情況），調節時會比較吃力，因此便會減低調節的意欲。

我們的眼睛在進行調節時，外眼部肌肉會自動地改變眼睛的方向，使眼睛導向內方偏斜或匯聚在一起，這種情況稱為調節性輻輳。我們眼睛的調節愈多，輻輳便會愈大。

患有輕微遠視的兒童，當他們觀看遠距離時，他們的眼睛尚可以透過進行調節使他們能看清楚物件。但當這些孩子要作近距離的注視時，他們必須要作更大的眼睛調節，因此，不單其眼球調節能力會極度緊張，其輻輳亦然。如果他們的調節能力不足，維持雙眼視覺的動作會使調節更加吃力，因此有可能會導致前額及頭部後面位置出現疼痛，以及眼睛會過度疲勞和感到刺痛。他們通常只能閱讀一段短時間，便會感到疲倦。他們不能維持雙眼視覺時，便會出現影像重疊或其中一隻眼睛被抑制。

利用儀器為這些孩子進行檢查，會發現他們的眼睛在閱讀距離時因調節性輻輳而出現或多或少明顯的內隱斜，這種情況一般需要配戴閱讀眼鏡，以減低調節和輻輳。

◀ 眼球跳動

每當我們閱讀時，眼睛會沿着線上急速移動，這稱為

眼球跳動（或稱眼球追蹤）。這些跳動是由大腦皮質的額葉視區所帶動的，這個區域跟小腦有着重要的神經連接。每一次的急速移動，眼睛會從一個注視點移動到下一個，不熟練的閱讀者比慣性的閱讀者需要更長的注視時間。此外，不熟練的閱讀者在閱讀時，會經常出現沿着線上向後移動的情況，這稱為回視。讀寫障礙也是如此。

我們不能有意識地控制眼球跳動的速度和準確度。如果其速度較慢，閱讀及做家課也會較慢。如果其準確度較低，便會容易出錯。

兒童出現以下一個或多個跡象可能顯示其眼球跳動不良：

- 閱讀時移動頭部而不是雙眼左右移動
- 閱讀期間經常會不知道讀到哪兒及出現讀錯行
- 七歲後需要利用手指指引所閱讀的句子以幫助閱讀
- 漏讀或讀錯句子頭尾的文字
- 被標籤有注意力問題

◀ 追隨眼動

追隨眼動，亦可以稱為「追視」，是指眼睛跟隨一件正在移到的物件的能力。追隨眼動應該是溫和及連續性的，而並不會牽涉頭部動作（即頭部保持端直）。這方面的測試很容易進行，我們可以利用一枝筆在空氣中畫一個大「H」英

文字母，並要求測試者的眼睛追隨着那枝筆，我們需要特別留意眼球的活動是否出現顛簸或抽動，又或是停在中線上。每個人一般要到大約七至八歲才能發展出平穩和持續的追視能力，而此能力建基於胼胝體的髓鞘化及大腦兩個半球的協作。額葉和小腦於追隨眼動扮演着十分重要的角色。依我所見，追視較差和閱讀障礙好像存在着一些微妙的因果關係，因為較差的追視能力反映大腦兩側半球未能妥善協作，從而影響閱讀表現。

◀ 主導眼

當我們要選擇使用哪一隻眼睛看東西時，我們通常會選擇使用一隻特定的眼睛，它就是主導眼；通過簡單的測試便能得知哪一隻眼睛是主導眼。先準備一張紙，中心有一個孔（約 25 毫米），首先請測試者雙手將該張紙拿在距離眼睛約 40 至 50 厘米的位置，然後要求測試者望向遠處約 5 米距離的一枝筆或一些細小的物件，然後慢慢地把紙張移向面部，同時，測試者需要分別閉上其中一隻眼睛，期間不能移動紙張，能看到物件的那隻眼睛便是主導眼。

當兒童開始學習閱讀時，一般其主導眼仍未發展，直至大約十至十一歲左右，才會開始發展。注視點右邊部分的視野最後會去到大腦左半球，由於右眼是主導右邊視野，大腦左半球主要處理從右眼傳來的信息，而大腦右半球則會處

理從左眼傳來的信息。[94]

當我們閱讀時，大腦兩側半球的協作是必須的。大腦右半球會把文字視作整體圖像，而大腦左半球會理解及分析該文字和字母，尤其是發音。如果我們閱讀時只運用一隻眼睛和抑制另一隻眼睛，胼胝體便要獨自負責這個必要的合作。另一方面，在雙眼視覺的情況下，我們可以運用雙眼來選取激活哪一邊的大腦半球。

在兒童開始上學時，連接大腦左右半球之間的胼胝體並未發揮良好的功能。一些閱讀能力高的兒童，他們或多或少能夠因應需要而改變其主導眼，通過使用左眼閱讀，即大腦右半球，他們會把文字視作整體圖像和學習如何識別它們，當他們遇到一些完全陌生和困難的文字時，便會運用右眼和大腦左半球，分析那些文字的順序和發音。

兒童如果因雙眼視覺問題使他在學習閱讀之前發展了一隻強大的主導眼，其閱讀過程便會面對很大的挑戰。假如右眼是主導眼，他們並沒有讀出課文的問題，但在迅速閱讀時便會出現困難，這是因為其右腦在閱讀時沒有得到足夠的刺激，從而使他們不能把文字識別為圖像。

另一方面，如果是左眼是主導眼，大腦右半球會受到相關的刺激。這些兒童會出現分析文字及學習運用語音閱讀的困難，因此他們會面對語音障礙，他們會比較容易識別文字，但對陌生的文字進行解讀時會出現困難。

兒童在十至十一歲左右，其大腦兩個半球之間的連接開始發展，大腦兩個半球之間將會通過胼胝體來互相協作、

互通信息，而不是再通過改變主導眼來看東西；這個年齡也正是開始發展主導眼的時候。很多這個年齡的兒童，會學懂使用胼胝體作為雙眼視覺障礙的補償，從而令主導眼發展成熟。如果他們之前一直有閱讀障礙，這時將可迅速發展其閱讀能力。

此外，主導眼控制雙眼追蹤的方向，使我們能順着線上的文字閱讀。右眼是自然地由左至右移動，而左眼則是由右到左移動。學習者的主導眼是左眼時，會首先望着頁面的右方，如閱讀像英文從左至右書寫的語言，便會遇到很大的困難。他們會傾向反轉和混淆字母（如「b」和「d」）。有時候，當他們閱讀時，會傾向喜歡把文字上下顛倒。

調節困難如何影響閱讀能力

幾乎所有讀寫障礙兒童也有調節困難，除了上文所提及近距離的雙眼視覺問題外，這些困難也會以其他方式影響閱讀能力。其中包括有可能出現跟調節的靈活性相關的問題，在這些個案中，該兒童可能需要幾秒鐘，有時可能是半分鐘或甚至更長的時間，才可以將焦點由近距離轉到遠距離，繼而看清楚物件。另外，也有可能出現跟調節的穩定性相關的問題，在這種情況下，該兒童是無法看清楚文字的：如不能妥善地穩定焦點，所閱讀的文字便會變得模糊不清。這些問題一般會在兒童閱讀了一段時間之後更為明顯，當閱

讀時間愈久，困難會愈大。這時兒童需要用力睜大眼睛來讓自己看得更清晰，由於過度拉緊雙眼的肌肉，便有可能會出現頭痛及雙眼刺痛。為了彌補調節的不穩定，兒童便會傾向把書本前後移動，讓自己看得更清晰。

◀ 眼睛調節出現問題的特徵

(1) 兒童閱讀時很快便覺得疲倦，而其理解能力會隨着其閱讀時間增長而降低，甚至消失。

(2) 兒童會盡量避免閱讀或傾向讀得愈少愈好。

(3) 兒童閱讀時會出現頭痛或雙眼刺痛。當閱讀了一段時間後，便會開始揉眼睛。

(4) 兒童閱讀或觀看路牌時會不斷眨眼，從而使他能看得更清晰。

(5) 兒童抱怨文章的字體變得模糊。

(6) 兒童讓書本靠近雙眼，或移動書本，或移動其頭部，以便使他能看得清晰。

(7) 兒童閱讀或抄寫黑板的內容時出現小錯誤。例如可能會讀錯短文字如「of」、「as」、「is」等，但長文字如「Hippopotamus」反而能夠被認出。[95]

◀ 因壓力而導致的調節困難

準確的調節是有賴於對稱性緊張性頸反射的整合，然而，恐懼麻痺反射和擁抱反射的整合也很重要。睫狀肌控制眼睛調節，這組肌肉受副交感神經系統所支配，我們必須要保持安靜及輕鬆的心境，才能使它們運作良好。當我們受到壓力，例如當擁抱反射或恐懼麻痺反射被觸發時，副交感神經系統便會採取命令並阻止睫狀肌收縮。當睫狀肌不能收縮時，眼睛的調節能力便會受到影響，因此，晶狀體會變得扁平，眼睛的焦距會放在遠距離上。在極端情況下，如恐懼麻痺反射在極大的壓力下過度被觸發，會使個人變得癱瘓，觀看遠距離的能力也受影響而變得視野模糊。

一些有活性的擁抱反射和對光線極度敏感的人，當他們閱讀黑白對比很大的文章（如十分明亮的白紙和黑色的字體）時，便有可能出現調節問題，原因是其交感神經被過度刺激，導致閱讀的文字變得模糊，字體會移來移去，有時更會完全消失。

◀ 視覺感知

視覺感知包括比較事物和辨別它們不同之處的能力。為了能學習字母，兒童必須能夠覺察到圓形、方形及交叉的分別。為了能分辨「b」和「p」，兒童必須明白「上」和「下」

的概念。此外，為了能分辨「b」和「d」，兒童必須能分辨及認識「左」和「右」。[96]

　　視覺感知一般會在四至五歲左右漸趨成熟。透過進行韻律運動訓練，能夠刺激其大腦皮質和最終提升視覺感知能力。讓兒童繪畫圖形，如正方形及圓形等，也可訓練其視覺感知。某些兒童於開始上學時在分辨「b」和「d」時已出現問題，他們大部分都會發展出閱讀和書寫困難。至於左右不分的兒童，他們在閱讀或書寫時，經常會把字母反轉，如「saw」讀成「was」。這些問題都是跟非對稱性緊張性頸反射有關的，非對稱性緊張性頸反射在讀寫障礙中擔當着一個十分重要和基本的角色。

◀ 視覺困難並不是必然影響閱讀能力

　　某些兒童有明顯的視覺困難如斜視，甚至有調節或雙眼視覺的困難，仍然能良好地閱讀。正是這個事實，使一些讀寫障礙研究者、眼科醫生和驗光師否定視覺困難和讀寫障礙的關係。當然，不能單從一個視覺檢查中，便能得知該兒童是否患有閱讀障礙。但是，一些比較好與差的閱讀者群組的研究，已表明哪種視覺困難會使人更易患上閱讀障礙。在比較兩個群組之後，差劣的閱讀者較良好的閱讀者一般更常會出現調節困難、遠視、在近距離工作時一隻眼睛被抑制、雙眼視覺不良和交替性暫停，以及追視能力差等。但有很

多兒童，即使他們有以上的視覺困難，也沒有出現閱讀的問題，並能長時間閱讀也不會出現眼睛疲倦的情況。透過不斷的實踐，這些兒童學習使閱讀過程自動化，以彌補他們的視覺困難。

在 22 位瑞典的讀寫障礙研究人員的共識聲明中，斷然否認視覺問題和讀寫障礙的關係，他們的意見建基於廣泛的研究，那些研究顯示，較諸正常的閱讀者而言，雙眼視覺問題不見得更常見於有讀寫障礙的人。這種說法不僅說明了這些科學家對讀寫障礙兒童遇到的困難認識貧乏，還展示了他們如何捨棄所有的常識去捍衛他們的語音理論。

如果他們不是有這麼狹窄的視野，他們會明白為什麼當兒童開始感到眼睛刺痛、頭痛、字體變得模糊不清或跳動時會難以閱讀和容易疲倦。如果他們能放低成見，否定之前的理論，去了解讀寫障礙兒童的這些視覺問題，便會發現至少有 80% 的讀寫障礙兒童有上述一種甚至幾種的視覺困難。

這些兒童一點也不難發現，他們經常只能閱讀一段短的時間，又會用自己的手遮蓋一隻眼睛，或把書本移近眼睛。在閱讀了一段短的時間後，他們可能會告訴你，出現了重疊影像或文字變得模糊的情況。他們也可能在閱讀了一會兒後，前額或頭部背後出現疼痛，以及在閱讀時出現雙眼刺痛或開始流眼水。這些兒童一般會閱讀得緩慢、不願意閱讀，或經常不理解閱讀的內容，但如果沒有人問他們，他們並不會提及這些症狀，因為他們都會被說服這些症狀於每個孩子均是正常的。假如像專家那樣對這些兒童建議增加閱讀

練習，簡直完全是一種諷刺。閱讀練習難以提高他們的閱讀水平，反而會讓他們更加認為自己是沒有希望的。

嬰兒時期的雙眼視覺的發展

正如前文所述，視力和運動能力的發展是互相影響及緊扣的。通過與生俱來的嬰兒運動程式，如抓着物件、把東西放進口中、俯臥時抬起頭部、肚皮着地爬行、利用雙手和膝部支撐身體、利用雙手和膝部在地上爬行和律動等，嬰兒能夠學習如何發展他的視覺技巧。如果兒童由於運動障礙而不能充分進行以上的動作，便可能會出現很多視覺問題。

通過控制外眼部肌肉的運作，我們可以看到不同的方向。為了令雙眼視覺能正常地運作，我們必須能夠控制雙眼，使物件的影像清晰地投在雙眼的中心視野（或小窩）上，這種能力也意味着雙眼的合作。由於控制右眼的眼部肌肉是由大腦左半球所控制，控制左眼的眼部肌肉則是由大腦右半球所控制，因此大腦兩個半球需要互相協作才能發展出雙眼視覺。

新生兒的兩側大腦半球並未懂得合作，由於非對稱性緊張性頸反射，新生兒的運動模式主要是同側的，這表示其身體兩側是各自獨立移動而沒有協作。當嬰兒把頭部轉向右邊時，其右邊手臂和腳會伸展而左邊身體會彎曲。同樣地，當嬰兒把頭部轉向左邊時，其左邊手臂和腳會伸展而右

邊身體會彎曲。嬰兒出生後的數週，約八成時間都是處於非對稱性緊張性頸反射的姿勢。如果頭部轉向左邊，右耳主導便會自然地確立。[97]

當嬰兒仰臥或俯臥時，不論他的頭部處於任何一個方向，都會學習如何運用眼睛注視他的手或物件，以及如何抓住物件及放進口內，這時候，手眼協調和雙眼視覺便開始發展。跟着，嬰兒會學懂如何把物件從一隻手轉移到另一隻手上，這表示他大腦的兩側半球正在開始學習協作。

對手眼協調和雙眼視覺的發展而言，最重要的原始反射也許是非對稱性緊張性頸反射，但其他反射如抓握反射及張口反射也十分重要。抓握反射讓嬰兒可以抓握東西並放開它，當抓握反射開始整合時，嬰兒可以把物件從一隻手轉移到另一隻手上。當嬰兒用手抓握着物件時，張口反射也會同時被激活。口部的吸吮動作會刺激嬰兒把物件放進口中，而手拉反射會幫助他把物件帶進口內。

非對稱性緊張性頸反射、抓握反射、張口反射和手拉反射，都是屬於幫助開發中線空間的原始反射，即是促進大腦兩側半球、兩邊身體和眼睛之間的合作。如果這些反射沒有正常地發展，或沒有得到適當的整合，患有斜視或其他關於雙眼視覺的問題等的風險便會增加。

整合非對稱性緊張性頸反射和其他中線反射對於追隨眼動是十分重要的。當這些反射得到整合，大腦兩側半球和身體兩邊的協作能力便會得到提升，通過胼胝體的神經信號會增加，神經纖維的髓鞘化也會相對提高，所有跨愈中線的

運動如肚皮着地爬行或手膝爬行都能刺激胼胝體的髓鞘化。如果兒童並沒有整合非對稱性緊張性頸反射或從未爬行，便會面對跨愈中線的困難，而追隨眼動可能會變得顛簸和停在中線上，兒童或會在中線眨眼。

◀ 整合非對稱性緊張性頸反射在治療讀寫障礙中的重要性

　　根據以上的描述，就不難理解為何整合非對稱性緊張性頸反射對治療閱讀和書寫困難是那麼重要。整合非對稱性緊張性頸反射的效果，可歸納為如下：

（1） 刺激胼胝體的髓鞘化過程，改善大腦兩側半球的溝通和增加關於閱讀的神經網絡的傳送速度。
（2） 改善雙眼視覺及眼球追視活動。
（3） 改善雙手雙臂的運動能力和書寫能力。

　　整合非對稱性緊張性頸反射在治療讀寫障礙中的重要性也得到了研究的證實。於 2000 年出版的《The Lancet》[98]，當中有一篇文章報告研究殘留非對稱性緊張性頸反射對讀寫障礙的影響，報告這樣説：

　　「一群有讀寫障礙及殘留非對稱性緊張性頸反射的兒童，通過運動動作去整合其反射。結果顯示，跟對照組（並沒有進行任何治療）的兒童相比，他們的閱讀能力有明顯的

改善。而對照組的兒童，其非對稱性緊張性頸反射仍然保持在活性狀態。」

於貝爾法斯特（Belfast）[99]一項對 739 名兒童進行的研究表明，殘留的非對稱性緊張性頸反射會使閱讀和拼寫能力顯著惡化。研究報告的作者質疑讀寫障礙的成因只局限於語音問題的論說，還引用很多研究強調其他不同的成因。

◀ 嬰兒時期的輻輳和調節的發展

嬰兒出生後的兩個月，都會有很多時間處於非對稱性緊張性頸反射模式，恍如拉弓一樣和把頭部轉向一個方向。其後，他開始發展同肢的反射模式，即頭部和雙手在身體的中線，注視雙手、把玩物件或吸吮腳趾。[100]這種模式暗示了擁抱反射的第二階段：雙臂和雙腿會蜷起在身體中線。每當擁抱反射被觸發，嬰兒便會出現這種對稱的模式。在正常情況下，擁抱反射會在大概在三至四個月之齡整合成為此同肢反射模式。

通過此同肢模式，嬰兒將有機會練習於中線看清楚近距離的物件，為了令影像可以投在雙眼的小窩或中心視野上，嬰兒需要引導雙眼在中線上望着物件（即輻輳）。而為了使影像清晰，他必須進行調節（即改變晶狀體的形狀），以幫助矯正與生俱來的遠視問題。通過仰臥躺着、注視雙手、抓握物件和把它從一隻手轉移到另一隻手上或把腳趾放

進口中這一連串的動作，嬰兒會得到一個基本的調節和輻輳能力的訓練。

在仰臥的姿勢時，嬰兒會聚焦在近距離的範圍。當肚皮着地俯臥及開始抬起頭部時，他會看到四周環境的概況，然後能夠聚焦於一些遠距離的物件，並開始利用肚皮爬行去觸碰他所看到的物件。當嬰兒學懂坐起來，繼而站起及走路，他便能聚焦於愈來愈遠的物件。跟着，當兒童學習閱讀和書寫時，聚焦於近距離的工作便會變得更加頻繁。

嬰兒能夠把頭部抬起和之後運用四肢支撐身軀，對他發展把聚焦從近距離改變為遠距離，或從遠距離改變為近距離的能力（即調節能力），有着關鍵的作用。當嬰兒運用手腳在地上爬行，他可以藉着望向地板和前方來練習觀看近距離和遠距離的能力。

在嬰兒有能力去抬起頭部之前，緊張性迷路反射需要被整合到一定的程度，而抬軀反射必須已經發展，從而使嬰兒能夠從地上把頭部和胸部抬起。在嬰兒有能力運用手腳爬行之前，對稱性緊張性頸反射必須已經充分得到整合。

◀ 處理由視覺失衡而引致的閱讀困難

因視覺因素而導致的閱讀障礙，可採用不同的方法來治療，包括配戴視覺矯正眼鏡、進行運動訓練、整合反射和改善視覺技巧的練習。

對於一些懷疑是由視覺因素引起的閱讀障礙，建議首先應該讓驗光師或眼科醫生進行視力檢查，這種閱讀障礙往往會因配戴合適的眼鏡而有所改善。遠視所帶來的調節和雙眼視覺的困難，只要透過配戴合適的閱讀眼鏡便很容易把問題矯正。

遺憾的是，不是所有驗光師和眼科醫生都會為患者作詳細的雙眼視覺檢查，他們往往只是局限於檢測折射有否出錯。如果只是很輕微的遠視，而驗光師或眼科醫生又不相信視覺困難和閱讀障礙兩者相關，他可能會認為折射誤差太少，不需要配戴閱讀眼鏡來矯正，從而使該兒童得不到適當的輔助。他可能被要求配戴其他不能幫助他改善困難的眼鏡，使他可能不想再使用它。

更糟的是，兒童會因視覺壓力導致睫狀肌痙攣，繼而發展成假性近視，如果他被驗光師建議配戴凹透鏡去改善其近視，該兒童的視力可能會受到嚴重傷害，這種眼鏡會使睫狀肌的痙攣情況惡化而不是使它改善，要使睫狀肌放鬆便應該使用閱讀眼鏡。這種錯誤並不少見。

因此，較安全的做法是建議兒童找行為視光師進行檢查，他們不單會留意折射的誤差，也會對所有造成閱讀障礙的視覺因素作一個詳細的檢查，為該兒童作全面的評估和了解他的情況。

除了建議進行一個視覺檢查外，兒童可藉着進行韻律運動訓練和反射整合來改善視力。通過這些訓練，調節、追隨眼動和雙眼視覺等的困難會得到改善。運動訓練和反射整

合的另一個好處，是不單只改善視力，更在其他許多方面幫助改善讀寫障礙。

　　視覺技巧如調節、雙眼視覺和眼球跳動可以通過視覺訓練結合韻律運動及反射整合得到改善。

◀ 為視覺困難檢測原始反射

　　通過進行一個全面的視覺檢查，經驗豐富的驗光師能夠為患者總結出哪些活性的原始反射正在影響視力。很多有活性的恐懼麻痺反射和擁抱反射的兒童，都會出現內隱斜，此情況於近距離和遠距離的視線範圍皆十分明顯。倘若該兒童的內隱斜只出現於短距離視覺而又會因配帶閱讀眼鏡而有所改善，可以得出的結論是：他因為遠視和/或因未整合的對稱性緊張性頸反射而導致輻輳的能力受損。

　　調節能力受損是未整合的對稱性緊張性頸反射的一個明顯跡象。在遠視的情況下，調節能力受損和活性的對稱性緊張性頸反射是十分常見的。此外，在近視的情況下，對稱性緊張性頸反射通常也是活性的。

　　兒童出現斜視，其非對稱性緊張性頸反射通常是活性的，而且往往是在同一個方向，另外，抓握反射、張口反射和手拉反射也多數是活性的。除此之外，追隨眼動的困難，可能是中線空間的反射（通常是非對稱性緊張性頸反射）未得到充分整合而引致。

如果從視覺檢查會發覺該兒童出現外隱斜或內隱斜、調節或雙眼視覺的困難，必須再進行一個詳細的原始反射檢測，以及整合所有仍然是活性的反射。

◀ 對視覺困難進行反射整合和運動訓練

反射整合和韻律運動訓練結合視覺練習都是處理視覺困難有效的方法。在很多的個案中，透過進行韻律運動加上視覺練習，去整合對稱性緊張性頸反射和非對稱性緊張性頸反射，都能迅速地解決調節及雙眼視覺的困難。這方法對八至十歲以下的兒童甚為有效，對於年長兒童及成年人，可以使用韋特蘭娜‧瑪斯吉蒂娃的等距壓力反射整合方法，以及視覺練習。

整合擁抱反射和恐懼麻痺反射不單可以矯正於遠和近距離的內隱斜，還可以透過減低內在壓力和對光線的敏感，從而促進調節能力，因這兩種不良因素會阻礙調節及使文字會變得模糊。

案例報告：佩爾

佩爾當時十一歲，當他開始進行韻律運動訓練時才剛剛學懂閱讀。他經常與母親一起大聲朗讀所閱讀的

文章，佩爾讀一句，他的母親便讀下一句。他閱讀一本以大寫英文字母編寫的書本會感到十分吃力。當他閱讀時，他幾乎會立即失去了專注力，之後很快出現頭痛、雙眼疲倦和刺痛，以及開始覺得文字像在跳躍似的。不過，他並沒有注意力的問題。開始訓練之後的數週，他被診斷患有讀寫障礙。

　　我測試他的反射，他的非對稱性緊張性頸反射、對稱性緊張性頸反射、擁抱反射和恐懼麻痺反射也是未被整合的。

　　利用視覺訓練器材「Bernelloscope」進行的視覺檢查的結果顯示，他於近距離和遠距離視野的內隱斜是大約 10。當配戴 +1 度的閱讀眼鏡後，他的內隱斜在近距離的視野是正常的。

　　他有骨盆旋轉的情況，而在我整合其對稱性緊張性頸反射後便得以矯正。

　　他在家中需要進行一些韻律運動及非對稱性緊張性頸反射的等距壓力練習，佩爾持之以恆每天進行運動，經過兩個月後，他閱讀一小時也不會出現頭痛。

　　佩爾繼續他的訓練，及後在母親的協助下進行對稱性緊張性頸反射的整合運動。過了三個月，當他再接受視覺檢查時，其近距離和遠距離視野的內隱斜已經消失。

　　他進行了七個月的運動後，其非對稱性緊張性頸反

射、對稱性緊張性頸反射、擁抱反射和恐懼麻痺反射全部得到整合。他的閱讀能力有明顯改善，可以閱讀得更快及更持久。

他仍然有書寫及拼寫的困難，因此，他便開始進行整合手反射的運動，包括抓握反射、手拉反射和張口反射。

經過一年的韻律運動訓練，他愛上閱讀，不能自拔地看書和開始在圖書館借閱成人書籍。

現在，他只出現輕微的拼寫問題，他的書寫能力有明顯改善。即使閱讀一段長時間，他也再沒有出現頭痛或其他眼部的病徵。

第十七章
語音和書寫困難

◀ 讀寫障礙和語音困難

　　根據關於讀寫障礙的研究，所有有讀寫障礙的人也有語音問題。他們的聽覺感知受到損害，即是對接收聲音出現困難。他們會出現以下的情況：對文字的聲音結構感到不清楚、對文字及聲音的短期記憶力較差、發音模糊、難以記着新名稱和文字及重複複雜的文字等。

　　導致語音障礙的兩大因素分別是聽覺受損和發音拙劣。我們可以利用不同的方法去改善聽覺和發音，聽覺可以經聽覺刺激而得到提升，而運動訓練及整合反射則可改善發音。

◀ 主導耳與讀寫障礙

　　我們的右耳所聽到的聲音主要傳遞至大腦左半球的聽覺皮質，反之亦然。而大約 90% 的人的語言區是位於大腦

左半球，大多數人都是由右耳所主導的。在技術層面上來看，大多數語音基本上會直接傳送至大腦左半球的韋尼克和布洛卡語言區。

丹麥心理學家和讀寫障礙研究者凱爾‧約翰遜（Kjeld Johansen）[101]說明了讀寫障礙和左耳主導的關係。根據他的調查發現，超過一半的讀寫障礙患者都是左耳主導的。左耳主導往往令他們在接收口語時出現一定的困難，這是由於左耳接收的聲音會先送往大腦右半球，然後繞道往大腦左腦半球聽覺皮質的語言區再進行處理。超過 90% 其語言區是位於大腦左腦半球的人都會出現這種情況，他們的聽覺處理過程會因此而延誤，並難於掌握他人所說的話語。

另一個由凱爾‧約翰遜進行的調查顯示，讀寫障礙兒童在嬰兒時常常反覆出現耳疾。由於耳疾導致的聽覺受損發生在聽覺發展的關鍵時期，所以他們分辨不同聲音的能力會受到負面影響，這可能是聽覺皮質當時得不到足夠的刺激而引致，就算耳疾已經痊癒，被降低了的分辨不同語音的能力也會持續下去。調查也顯示，右耳發炎的影響會更嚴重，因為這會使右耳更難發展成為主導耳。

◀ 語音困難與小腦

語音能力並不是單單依賴聽覺。俄羅斯科學家亞歷山大‧魯里亞（Alexander Luria）留意到，左邊頂葉的感覺皮

質功能失調，會導致患者對有相同嘴唇動作的發音如「b」和「m」容易產生混淆。此外，有這些功能失調的人對分辨「d」、「e」、「n」和「l」的聲音也有困難，這顯示了語音分析不單只依賴聽覺，也依賴發音。[102]

有研究顯示，小腦功能障礙會引起言語問題，小腦出現受損的情況往往會影響發音。[103]

小腦功能障礙是引致發音問題的最重要成因。這情況常見於患有嚴重運動殘障（如腦癱）的兒童，他們因小腦得不到足夠的刺激而不能正常地發展和成長。當他們的運動能力得到提升，發音問題便能改善。小腦功能障礙的另一成因是小腦出現炎症，這是由麩質敏感、酪蛋白不耐受和重金屬毒素所引致的，而自閉症或言語發展遲緩的患者通常都有小腦發炎的情況。在這些情況下，透過進行韻律運動和合適的飲食，語言及發音能力便能有所提升。倘若小腦的炎症情況在進行適當的飲食配合排走重金屬下得以控制，韻律運動便能夠刺激小腦的神經網絡發展，從而改善發音問題。

根據我多年經驗，大部分患有言語發展遲緩的兒童都難以有協調地和有韻律地進行韻律運動，這反映小腦出現功能障礙和炎症的情況，常見的成因是麩質敏感和酪蛋白不耐受。只要進行無麩質和無酪蛋白的飲食，小腦的炎症情況就能得以改善，繼而能夠進行韻律運動，提升言語能力。學習有韻律地進行韻律運動所需要的時間愈長，言語發展的進度亦會較為緩慢。

語音困難與張口反射

　　邏輯上，我們的發音是取決於我們控制嘴唇和舌頭的小肌肉的運動能力，而不像跟雙手的小肌肉的運動能力有很密切的關係。然而，很多跡象顯示，口部和手部的活動是息息相關的。當讀寫障礙患者寫字或使用剪刀、或進行一些纖巧的手部動作時，他們經常會不期然地同時移動嘴唇及雙手。

　　相似的行為模式也可於新生兒的身上發現。新生兒的口部活動也會觸發雙手的活動，當他們吸啜乳房或奶瓶時，他們的雙手會打開和緊握。在往後的發展階段，當他們開始探索周圍環境時，手部和口部動作的關係變得十分重要。當嬰兒利用雙手抓握物件時，他的口部會開始作出吸啜的動作，然後會把物件放入口內仔細檢查。來自口部和手部的觸覺和本體覺的信號會刺激頂葉的感覺皮質。

　　雙手及口部或舌頭區域的神經連接，會接連到兩個皮質區域，這兩個區域互相十分接近，並佔用了感覺皮質相當大的一部分，而這情況並不是巧合地發生。口部和手部動作的連接是由於張口反射，只要輕輕按壓嬰兒手掌便可觸發此反射，嬰兒會張開口部和把頭部向前傾或側向一方。

　　張口反射應該大約在嬰兒出生後四個月，當嬰兒已學習抓握物件和將它們放進口內時得到整合。假如此反射未得到整合，其自發性的手部和口部小肌肉運動控制會受到影響，這也會導致下巴出現緊張、磨牙和發音問題。活性的張

口反射也會導致雙手和手指的運動技能拙劣、扣鈕扣及綁鞋帶出現困難和書寫欠佳。肌張力低，以及雙手和手指過度靈活都是一些張口反射未整合的常見徵狀。書寫或使用樂器時出現非自主性的口部動作，是一個十分可靠的特徵，以確定其張口反射還未整合。

由於發音出現困難，其相應位於頂葉的感覺皮質也得不到適當的刺激，這可解釋為何其語音能力受損和接收聲音出現困難。透過運動訓練和整合張口反射，發音及語音能力也會相應改善。

◀ 書寫障礙

書寫障礙並不只是由未整合的張口反射所引致，其他反射如抓握反射和手拉反射也牽涉在其中。嬰兒出生後一星期，一般都可以透過把手指放在他們的手掌中而觸發其抓握反射，嬰兒會大力抓緊你的手指，你甚至可以把他們的身體拉起，嬰兒的手臂將會伸直。而抓握反射會在一歲前得到整合。

手拉反射一般在剛出生時是活性的，握着嬰兒的手腕並且拉往你的方向會觸發此反射，跟着，他們會彎曲雙臂以幫助起身至坐着的姿勢。

出生後兩個月左右，抓握反射和手拉反射兩者會二合為一及開始單一運作，這時當你把手指放在嬰兒的手掌，

他會緊抓着你彎曲雙臂，你可以輕易地把他拉起至坐着的姿勢。這兩種反射對嬰兒建立抓握物件的能力和把物件放進口內是十分重要的，從而又協助張口反射的整合。假如抓握反射未整合，其小肌肉的運動能力便會受影響，該兒童會大力地握筆、寫字艱難，以及書寫拙劣。活性的抓握反射會導致肩部繃緊，活性的手拉反射會導致前臂繃緊，使書寫時感到困難。活性的非對稱性緊張性頸反射也會令肩部、手臂和手指出現繃緊從而妨礙書寫。假如上述一個或多個反射也是活性的話，兒童便很難把書寫變得自動化，他需要花費很多精神於艱辛的書寫過程，而不能集中於如何表達自己。這些兒童會面對書寫文章的困難，因為他們的意識太過集中於書寫方面。

◀ 改善腦癱個案中視覺和發音問題

患有腦癱的兒童往往會出現斜視或折射功能失調，他們也經常會有言語障礙，如果他們已經開始說話，他們的發音一般也不佳。這些問題很少是由腦損傷所造成，它們往往是因為腦癱導致運動發展受損的結果。正如前文提及，如果缺乏足夠的運動刺激，小腦的神經網絡便不能妥善地發展。有這些問題的年幼兒童在進行韻律運動訓練後，運動能力會得以建立，從而改善了言語及視覺能力。以下兩個簡短個案可作證明。

　　麗莎於四歲時開始進行韻律運動訓練，她是一名偏癱患者，即是她的一邊身體較另一邊更為癱瘓。她可以說出幾個單字，但她的發音並不清晰，只有她的父母可以聽得懂。她其中一隻眼睛有嚴重的斜視，她不可獨自坐着及躺下，她會把手臂屈曲在胸前，她的雙手經常會牢牢抓緊着。

　　進行韻律運動訓練數週後，她開始可以放鬆手臂和懂得利用雙手抓握物件。幾個月後，她學懂運用一隻手去支撐自己的身體，從而獨自坐着。她的斜視也有明顯的改善，一年後，這些問題只有在她感到疲倦的情況下才會發生。她亦學懂繪畫並愛上了它。

　　她的言語發展，尤其是發音，有相當大的進步。四個月後，她可以講出一個有關王子和公主的長篇童話故事。一年後，她的發音雖不至完美，但至少能夠讓他人明白。

　　伊娃在之前的文章已經提及過，三歲時開始進行韻律運動訓練。她不能在沒有支撐的情況下獨自坐着，也不能運用她的雙手。她不懂說話，而醫生也認為她永遠都不會學懂說話，並建議她學習手語。她也患有遠視及需要配戴厚厚的眼鏡。

　　開始了韻律運動訓練後不久，她學懂運用雙手及能夠獨自飲食。數個月後，她開始說話，剛開始時是幾個單字，之後演變成兩字的句子，一年後，她可以說出六個字的句子。跟着，她還學會玩拼圖遊戲和跟娃娃玩更換衣服遊戲，她的視力也明顯地改善了，並可配戴較淺度數的眼鏡。

◀ 韻律運動訓練如何改善視力及發音

伊娃和麗莎也是在進行韻律運動訓練後開始能夠運用雙手。

伊娃於第一次拜訪克斯廷‧林德之後，學會了在不需要撐扶的情況下獨自坐着，她可以開始運用雙手及創造自己的世界。她能夠把焦點從遠距離移到近距離，並增強了調節的能力。通過利用雙手及膝部進行跪坐式律動及爬行動作，她的對稱性緊張性頸反射得到整合，使她的調節能力得以改善，並減低遠視的程度。由於小腦的神經網絡得到刺激而發展，她的語言與運動能力同時發展出來。

至於麗莎，她在不需要撐扶的情況下獨自坐着也有較大的困難，因此她需要花多一點時間去學習如何繪畫和寫字。但當她的大小肌肉能力得到改善，小腦也得到足夠的刺激，其發音也隨之變得清晰，斜視的情況也逐漸消失。一年後，她的發音已經十分容易明白，而斜視已不再出現了。

案例報告：漢娜

韻律運動訓練對改善言語發展遲緩的成效一次又一次使我感到驚訝。在我當駐校醫生時，我認識了一位女孩，她叫漢娜，就讀二年級。她的語言發展遲緩，所以學校安排她在有特殊學習需要的班別上課。她不願意跟

我談話；她的老師告訴我，她似乎從來也不明白與他人對話的內容和答非所問。此外，她的文法和句法使人很難理解她的說話。她被診斷為患有言語發展遲緩和自閉症譜系障礙。

我向她示範了三個簡單的韻律運動：腳掌扇形擺動、背部律動和臀部律動，她在進行這些運動時有一定困難，我告訴她的母親，漢娜必須每天進行這三個運動，以提高她的語言能力。

一年後，我再次遇見漢娜。她說話流利及能夠使我理解，並且能運用恰當的文法和句法回答我的問題。她的母親告訴我，漢娜連續八個月每天都進行韻律運動，期間她的言語能力不斷提高，跟着，她想休息一下，至今還未再次開始進行運動。

她的老師確定，她的言語問題和大部分自閉症的症狀已經消失，但是，她還沒有學會閱讀，這代表她需要進行更多的運動以提升其閱讀能力。

◀ 小腦在治療讀寫障礙的重要性

很多有讀寫障礙的兒童難以協調地和有韻律地進行韻律運動的動作，這表示小腦出現功能障礙。這種功能障礙會以不同的形式影響閱讀，正如上文解釋，它會導致發音和語音問題，這些情況也會因為韻律運動刺激了小腦而有

所改善。

　　眼球活動也是另一項幫助閱讀的重要功能，這功能是額葉中的區域所控制，這區域與小腦有着重要的神經連接。有些兒童在眼球跳動方面出現困難，都是與小腦功能障礙有關連的。在這種情況下，韻律運動配合改善眼球跳動的練習能夠大幅提升閱讀的速度。

　　小腦對發揮前額葉皮質的功能也十分重要，它對學習如何閱讀和理解起着關鍵的作用。韻律運動會通過小腦刺激前額葉皮質，使兒童更容易學習閱讀和理解閱讀的內容。

第十八章
閱讀神經網絡和前額葉皮質

◀ 閱讀神經網絡

　　正如上文所提及，我們必須使用和協調不同的感官和能力以便能夠正常閱讀。視覺、聽覺和本體覺都有助於文本的解碼。如果感官過程沒有充分發揮其作用，相應的大腦區域便不會正常發展。如果我們在嬰兒時期出現聽覺困難，聽覺皮質便可能沒法學會分辨不同的聲音。如果視覺沒有正常運作，視覺皮質可能無法正常發展。小肌肉運動能力有困難可能會引起發音問題，繼而導致頂葉的感官皮質不能發揮正常的作用。

　　如果因無法進行韻律運動而導致小腦得不到足夠的刺激，額葉尤其是左額葉的語言區域亦會缺乏刺激。假如我們的兩邊身體因運動障礙而不能協調，通過胼胝體連接大腦兩個半球的神經纖維便得不到充分的刺激，這些纖維的髓鞘化過程便會出現不足，繼而影響兩邊身體和眼睛的協作。

　　透過聲音刺激聽覺皮質，聽力會得以改善。配戴合適的眼鏡，可矯正折射的誤差及改善視力。這都可以幫助提

高閱讀能力，但正如前文所描述，通過運動訓練，視覺、發音、語音能力、大腦兩側半球的協作、眼球活動等，都會因負責這些能力的新皮質區域受到刺激而得到正面的影響。

利用PET量度大腦的血流量，便清楚可見新皮質的幾個區域在我們閱讀時會被激活起來，這稱為閱讀神經網絡。[104] 枕葉區的視覺皮質、負責文法和語音分析的顳葉區和額葉區、控制言語運動能力的額葉運動皮質區，以及控制眼球活動的額葉區等，全部都是閱讀神經網絡的重要元素。要有良好的閱讀功能，各個區域不論位於同一側或兩側不同的大腦半球都必須得到充分的發展及互相連繫。

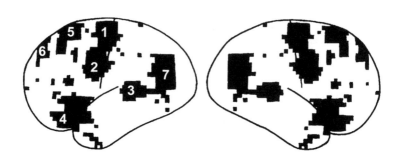

圖二十七： 閱讀神經網絡：1.言語的運動能力，2.運動協調，3.語法，4.語音分析，5.眼球活動，6.閱讀理解，7.視覺分析

假如胼胝體不能正常運作，大腦兩側半球的信息交流將會受阻。儘管語言區和言語區也是位於大腦左半球，但血流量報告顯示，當我們閱讀時大腦兩側半球也會同樣地活躍。

在閱讀過程中，被激活的大腦新皮質各部分由於相距甚遠，神經信號的傳遞時間是極為重要的。如果區域之間的神經信號傳遞速度較慢，閱讀便會受到影響。傳遞速度取決於有關的神經纖維的髓鞘化過程，當使用該神經路徑時，髓鞘化過程便會被激活。傳遞時間也取決於閱讀神經網絡內不同區域之間的神經路徑的使用頻率，這些神經路徑使用得愈多，傳遞速度便愈快。因此，兒童讀得愈多，所得的刺激亦相對較多。

運動訓練也可刺激髓鞘化過程，不同的交叉運動會刺激胼胝體的髓鞘化過程，而發展小肌肉運動能力和手眼協調等動作，會刺激閱讀神經網絡內不同區域之間的神經路徑的髓鞘化過程。

◀ 前額葉皮質——「大腦的行政總裁」

當閱讀時，負責處理從感官接收信息的新皮質區域會被激活。根據大腦血流量的量度，大腦最前端的前額葉皮質在閱讀過程中扮演着重要的角色，前額葉皮質被神經精神學家高德伯（Elkhonon Goldberg）稱為「大腦的行政總裁」。高德伯指出：

「前額葉皮質在設定目標及制定實現這些目標所需的行動計劃上起着核心作用。它會選擇實行計劃所需的認知技巧，協調及正確地應用這些技巧。最後，前額葉皮質負責評

估我們的行動相對於我們的意圖是成功還是失敗。」[105]

　　當我們學習閱讀時，前額葉皮質的任務是動員和指揮閱讀神經網絡和各個參與閱讀過程的區域。假如這些區域因刺激不足而未完全發展，或區域之間因髓鞘化不足而溝通不良，前額葉皮質便不能履行其指揮學習過程的任務，兒童可能會因此而出現閱讀障礙。

◤ 閱讀理解和前額葉皮質

　　一旦我們學會了如何進行閱讀，前額葉皮質便不再在閱讀過程中扮演中心的角色，但為了讓我們能夠理解所讀的文本，前額葉皮質必須充分地工作。閱讀理解是依賴我們在意識層創造理念的能力，而此理念是無法可在文本中找到的，所以稱之為我們的「個人化的家庭錄像」。

　　當我們閱讀一本烹飪書時，看到喜愛的菜式的食譜，食譜中的文字會喚醒我們腦海內有關此菜式的記憶，包括影像、味道和香味等。

　　我們的閱讀理解能力在很大程度上取決於我們的經驗，它們都是以記憶的形式儲存於大腦不同的地方。前額葉皮質的任務是因應文本或我們的意圖，產生相應的記憶，讓我們的意識在閱讀過程和現實生活中能有效地運用它們。當我們想穿鞋子，我們會運用前額葉皮質找回相應的資料，如回憶我們之前把鞋子放置的地方，因此我們會知道去哪裏找

回它們。假如前額葉皮質起不到它的作用，我們便可能不知道往哪裏找回鞋子，甚至可能最終變成戴帽子，而不是穿鞋子。

當我們閱讀時，同樣的情況也會發生。假如前額葉皮質不能正常運作，我們將不能「播放」和文本有關的「家庭錄像」。當我們閱讀烹飪書時，我們將不會聯想到喜愛的菜式的圖像，感受不到它的氣味和味道。

◀ 讀寫障礙和前額葉皮質

在讀寫障礙的個案中，大腦的前額葉皮質往往不能正常運作，因而妨礙閱讀、學習和理解。前額葉皮質的功能障礙有很多不同的成因，例如從感官通過網狀激活系統的感官信號，未能給予前額葉皮質足夠的刺激，或由於小腦功能障礙使前額葉皮質從小腦得到的刺激過小，亦有可能是大腦內的閱讀神經網絡的不同部分刺激不足。

前額葉皮質受損會影響整個大腦的運作，反過來說，大腦的不同地方受損或功能障礙都會對前額葉皮質有影響。假如把前額葉皮質看成「指揮官」，而大腦其他部分看成它的「軍隊」，便不難理解它們的關係。假如指揮官受傷，較低的單位將得不到正確的指引，混亂可能會隨之而來。另一方面，如果較低的單位變得雜亂無章或溝通渠道不通，指揮官命令相關單位的能力亦會減弱。

　　研究顯示，如果大腦的其他地方受損，額葉的血流量便會減少。[106] 當大腦皮質內的閱讀神經網絡出現功能失調，或這些區域的神經連接不足，便會影響前額葉皮質的表現。

　　正如我們所見，讀寫障礙的問題往往反映了大腦不同區域的功能失調。語音問題可能是由於顳葉的聽覺皮質、頂葉的感覺皮質和額葉的運動皮質出現功能障礙所引致。除此之外，這些區域之間的溝通渠道可能出現了問題。以上種種原因，都會影響額葉的表現。

　　同樣地，視覺和眼球活動問題也是視覺皮質或額葉區內掌管眼球活動的部分出現功能障礙的跡象，這也會削弱前額葉皮質的功能。

◀ 讀寫障礙和注意力困難

　　很多有讀寫障礙的兒童也有注意力和集中力的問題，一個常見的成因是大腦皮質缺乏足夠的刺激（尤其是經腦幹內的網狀激活系統，傳遞感覺信號給大腦額葉的刺激不足）。另一個重要成因是小腦對額葉的刺激不足。因殘留的恐懼麻痺反射和擁抱反射造成容易分心，也是注意力問題的常見成因。

　　觸覺、本體覺和前庭覺的感官信號主要負責刺激新皮質。兒童如出現運動障礙、肌張力低、活性的原始反射（尤

其是會影響專注能力並導致身體姿勢出現縮起的情況），都會令額葉無法從網狀激活系統得到足夠的刺激。

　　兒童因小腦障礙或其他運動障礙而不能進行嬰兒韻律動作，便不能充分刺激新皮質，尤其是額葉區。

　　當患有注意力問題的兒童學懂如何閱讀時，如果他們的閱讀神經網絡能正常運作，他們對文字的解碼應不會遇到很大的困難。假如他們已整合非對稱性緊張性頸反射，閱讀可能會更加流暢。但他們往往有理解文本的問題，其中的原因是新皮質尤其是前額葉未有充分地激活，這意味着前額葉皮質不能履行其任務去控制「個人家庭錄像」，換句話說，即是兒童不能在腦內播放他的個人錄像，當他閱讀時，腦內並沒有任何影像，即使他讀得如何流暢，也不明白所讀的內容。

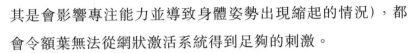

◀ 韻律運動訓練及前額葉皮質

　　假如前額葉皮質不能正常運作，兒童便會遇到學習閱讀的困難。一旦閱讀變成了一個自動化過程，即使額葉受損，我們也可以進行閱讀，可是理解能力會受到影響。

　　因此，要幫助兒童克服其閱讀困難，最重要的是通過不同的形式去改善其前額葉皮質的功能。

　　首先，通過進行韻律運動訓練，網狀激活系統會相對增加對新皮質和前額葉皮質的刺激，肌張力和姿勢從而會得

到改善。

其次，通過進行韻律運動，小腦至前額葉皮質的神經路徑所傳遞的信號會使前額葉皮質得到刺激。

第三，我們可以刺激新皮質各個不同的區域，基於它們也是閱讀神經網絡的一部分，最終也能刺激前額葉皮質。正如上文所述，當運動訓練和反射整合使視覺技巧、發音、小肌肉運動能力等得到良好的發展，大腦前額葉皮質作為大腦的「行政總裁」的能力也會相應改善。

◀ 因應讀寫障礙的不同成因而採用相應的方法

有些閱讀障礙患者是較容易有所進步的。有些閱讀流暢但理解能力差的人，會因進行韻律運動和整合原始反射而有迅速的進步。他們最常見的是需要整合緊張性迷路反射、對稱性緊張性頸反射，以及恐懼麻痺反射和擁抱反射，在這種情況下，其非對稱性緊張性頸反射和其他中線反射通常亦已得到了充分的整合，這也解釋了他們為何在學習閱讀時都沒有出現問題。

一些兒童沒有專注力問題，但往往由於視力障礙導致出現學習閱讀的困難，當他們的視力得到改善，他們便能夠開始迅速地閱讀，這些個案需要透過整合非對稱性緊張性頸反射、對稱性緊張性頸反射、恐懼麻痺反射和擁抱反射，優先處理他們的視覺問題。他們可循韻律運動和等距壓力整合

法來達到整合效果。以下個案可說明這些方法的效果。

案例報告：一個十二歲女孩

一名十二歲的女孩從來都無法閱讀超過兩句句子，因為當她閱讀時，文字總是跳來跳去似的和會變得模糊，使她倍感費力。她並沒有專注力問題，她從開始訓練時已經可以進行等距壓力整合運動。在進行整合非對稱性緊張性頸反射的運動期間，當她集中聚焦於一點時，她的雙眼會看到雙重影像、感覺刺痛和繃緊的情況。我建議她每天都進行韻律運動和每星期三次的非對稱性緊張性頸反射的等距壓力整合法。數個月後，隨着她的視覺問題的症狀於反射整合時得到改善，她的閱讀能力亦有所提升。現在，她可以在眼睛出現疲倦、文字變得模糊及開始跳動之前閱讀一頁的課本。她告訴我，當她上課時看着老師寫在黑板上的文字時，以上情況很快又會發生。

當我測試她的對稱性緊張性頸反射時，她竟然出現骨盆旋轉的情況，在進行整合對稱性緊張性頸反射的等距壓力整合運動時，她所注視的一點開始移動，她的視力便會變得模糊，這顯示她雙眼調節的穩定性較差。然而，在完成反射整合之前，這些視覺症狀已不見了。此外，她的骨盆旋轉的情況在反射整合後也消失了。我建

議她繼續每天進行韻律運動及每星期兩次的對稱性緊張性頸反射和非對稱性緊張性頸反射的等距壓力整合法。當我數個月後再遇到她時，她的閱讀能力已經有顯著的改善。暑假期間，她已經能閱讀三本書籍，並沒有出現任何視覺上的問題。

◀ 注意力問題和讀寫障礙

　　一個有多種問題的讀寫障礙兒童往往需要更多的時間和精力去克服其閱讀困難。我們必先要處理其注意力不足和缺乏耐性的問題，才可與該兒童進行等距壓力整合練習去改善其視覺障礙。有時候，他們進行簡單的韻律運動也會出現困難，這反映其小腦功能障礙，繼而會引起語言、發音、眼球活動或前額葉皮質運作等的問題。這些個案需要優先進行有關刺激小腦的韻律運動，然後再處理反射和視覺的問題。有時，食物不耐受會觸發壓力反射及阻礙注意力和閱讀理解能力。可以說，每一個兒童的需要是不同的，應按照他的情況度身訂做處理的方法。

　　兒童出現的困難愈多，練習需要花的時間及精力便愈多，這樣才可達致閱讀流暢的效果。然而，這情況並不能一概而論的，正如以下的案例報告所闡述。

案例報告：瑪麗亞

　　瑪麗亞的個案可以說明運動訓練如何刺激閱讀神經網絡和額葉，以及其所得到的效果。

　　瑪麗亞十二歲時開始進行韻律運動訓練，雖然她從來沒有被診斷患有腦癱，但她的情況像患有輕微的腦癱似的。她的臀部嚴重向內旋轉，當她試圖跑步時，她的雙腳會絆倒。她走路時不會抬起雙腳和會出現曳行步態。她的發音不良和說話非常含糊不清，因此，她需要定期與言語治療師會面。她的小肌肉運動能力拙劣，亦並未發展正確握筆的技巧。她的姿勢是十分糟糕的，背部隆起，雙臂乏力，大部分時間都不能把頭部保持端直。她的平衡感也很差。她對閱讀感到困難，只能讀出單字，她於閱讀時會看見文字在跳動，故此，即使她不喜歡，也需要配戴閱讀眼鏡。

　　視力檢查顯示她注視近和遠距離時皆有顯著的隱斜視。她的視覺不懂融合，有時甚至會暫停使用其中一隻眼睛，但當她配戴眼鏡時，於近距離出現的隱斜視會幾乎變得正常及視覺會融合。另外，她的追視能力也是十分差的。

　　瑪麗亞有很多未被整合的原始反射，所有關於大腦兩個半球的協作能力的反射都是活性的，包括非對稱性緊張性頸反射、抓握反射、張口反射、手拉反射、巴賓斯基反射和雙腳交叉屈曲反射（leg cross flexion reflex）。後面的兩個反射是處於極度活性的，這解釋了她為何不能跑步；活性的張口反射及由於運動殘障而引致的小腦功能障礙導致她的發音困難；活性的抓握反射也導致她拙劣的運動能力和缺乏正確的握筆技巧。

影響瑪麗亞雙眼的調節是其殘留的對稱性緊張性頸反射。活性的緊張性迷路反射和對稱性緊張性頸反射造成她隆起的姿勢、雙臂乏力，以及不能把頭部保持端直；未整合的緊張性迷路反射使她有不佳的平衡感；未整合的對稱性緊張性頸反射也引致她的遠視和有暫停其中一隻眼睛運作的傾向，以及當她不配戴眼鏡閱讀時會出現文字跳動的情況；還有，她的活性擁抱反射令她出現隱斜視。

其後，瑪麗亞開始進行韻律運動訓練和反射整合法。她並沒有在父母身上得到很多的支持，慶幸的是她的祖母在這期間提供了很多協助，尤其是進行等距壓力整合法時。數個月後，她的閱讀能力已有改善。半年後，她學懂如何跑步。她的平衡感改善了，她能夠挺直背部和可以把頭部保持端直，她的發音也明顯地改善了。一年後，她不需要配戴閱讀眼鏡也能夠良好地閱讀，視力檢查顯示她的隱斜視有所改善，尤其是注視近距離時，有良好的融合及沒有出現暫停眼睛運作的傾向。她開始打籃球，並成為了一位優秀的籃球員，再沒有任何跑步的困難。

◀ 一所瑞典學校採用韻律運動訓練代替輔導教學

在瑞典有一所學校，該校部分的三年級學生在升上四年級前的數個月出現困難。當中有九名學生的閱讀能力是十分差的，他們的老師認為學校需要聘請一個半職教師進行輔導教學。那位輔導老師測試他們的閱讀水平，結果顯示他們的水平只達二年級程度，需要從二年級程度進行輔導。校方最終沒有聘請半職老師，反而決定嘗試進行韻律運動訓練和反射整合法。二月份，這小組開始進行每週一次的反射整合和韻律運動訓練。拉爾斯・埃里克・伯格（Lars-Eric Berg）測試每名學生，並給他們安排個人的訓練計劃，而輔導老師亦在其課堂內學習如何進行運動訓練。家長們也按指示協助他們的孩子每天進行韻律運動，同時間並沒有開始任何額外的輔助閱讀的教學。

經過三個月的努力，輔導老師再一次評估孩子的閱讀能力。除一人外，所有的學生已達到正常的三年級水平。在這三個月內，這小組僅使用運動訓練，已能提升一年的閱讀水平。

家長們也匯報，訓練帶來很多正面的效果。有些男孩在進行運動訓練前，很少人認為他們有資格踢足球，但在運動訓練後，其運動能力已經提升至有資格參加足球隊的程度。

　　有一名女孩，一直都獨自呆着並且沒有朋友，但在進行運動訓練後，她開始邀請其他孩子回家玩耍，並加入了女童軍。[107]

◀ 專家對應用運動訓練於讀寫障礙的矛盾意見

　　根據之前提及的一份由 22 位瑞典讀寫障礙研究人員發表的共識報告，讀寫障礙的成因是得到科學證實的。讀寫障礙只是一種語音問題，與別的事情無關，它應該以強化閱讀的練習方式和更佳的閱讀指引作為治療。任何關於運動訓練對讀寫障礙所帶來的正面效果都遭到斷然否認，專家甚至聲稱，一切在學生的語言發展以外的輔助只會產生負面影響，「這是因為它們會減低改善閱讀和書寫的發展的效果」。

　　然而，如果從瑞典讀寫障礙研究的閉塞落後的另一面觀看，就會發現這個判斷並沒有得到國際的讀寫障礙研究人員的認同。我在這本書中就讀寫障礙成因的討論，正是國際讀寫障礙的研究目標。

　　McPhilips M. 和 Jordan-Black J. A. 在他們的文章中引用了多份在過去幾年發表的、有關讀寫障礙的研究，他們表示，有讀寫障礙的兒童出現的問題會延伸至超出跟內在語言缺陷相關的範疇。很多研究已表明，一些有讀寫障礙的兒童的視覺系統的數個區域可能受損（Stein & Walsh, 1977），他們的聽覺時間處理亦可能有損壞的情況（Witton et al.,

1998）。此外，讀寫障礙患者經常表現出的運動技巧和平衡感通常都較差，也有人提出小腦功能障礙可能是構成讀寫障礙兒童主要困難的基礎（Fawcett, Nicolson & Dean, 1996）。神經影像技術（neuro-imaging）研究已表明，有讀寫障礙的成年人，其大腦的一些區域都出現異常活躍的情況，當中還包括小腦（Rae et al., 2002）。最後，亦有相當多的證據牽涉閱讀困難、注意力缺乏和運動協調不足等問題（例如Iversen, Berg, Ellertsen, & Tonnessen, 2005 及 Visser, 2003）。[108]

　　以上種種研究的發現，使科學家質疑讀寫障礙是否只局限於語音問題。不論是根據貝爾法斯特研究背後的研究人員，還是上文所引用的研究，皆支持一個愈來愈廣泛和普遍理解的看法：「讀寫能力的發展是隨着時間依賴於認知、環境及生物因素三方面的複雜相互作用。」

韻律運動（初階）

◀ 確切動作的概念

韻律運動必須要確切地進行，確切的動作是指運動進行得有韻律性、對稱性、有協調性及過程流暢，這才可對大腦產生最佳效果以及整合原始反射。要掌握精確的動作從而發揮到韻律運動的最強效用，可從認可的「布隆貝格韻律運動訓練®」導師所教授的課程中學到，但要注意坊間其他的韻律運動訓練機構的課程是不被我所認可的，詳情可參見本書之「布隆貝格韻律運動訓練及各個課程和導師的資料」的章節。

◀ 以躺臥姿勢進行的韻律運動

韻律運動刺激神經底盤或腦幹

胎兒從母親的呼吸、心跳、步行、跑步等活動接收感官刺激，這些被動的刺激幫助胎兒的觸覺、本體覺及前庭覺的發展，以及有助刺激腦幹的神經細胞的生長及成熟，所有

這些刺激亦有助大腦其他部位的成長。

　　此外，當胎兒的原始反射被觸發，運動反應會刺激腦幹；胎兒的感官刺激亦來自於其自主動作，如左右轉動頭部、吸吮手指、把玩臍帶等，把玩臍帶的動作會引起本體覺的刺激，這對胎兒有鎮靜的作用。

　　被動式的韻律運動對於刺激新生嬰兒和有腦部創傷而導致腦神經系統發展水平猶如嬰兒的兒童的腦幹，效果相同。以不同的方式被動地搖曳嬰兒，可以刺激腦幹並改善肌張力和整合原始反射，以及激發自發性的活動。如果嬰兒發展緩慢，並難以由一個發展階段順利轉至另一個階段，這種刺激可以幫助加快他的發展步伐，例如可應用於一些無法抬起頭部，或者不用雙手和膝部開始爬行的兒童。這些運動亦可以幫助因低肌張力而難以自行活動的孩子提升他們的肌張力。

　　有嚴重腦部創傷而頭部傾向轉動至某一邊的兒童，被動式的韻律刺激可以使他們用類似反射動作的方式，把頭部由一邊轉至另一邊。

刺激神經底盤的運動

　　以下是一些刺激嬰兒、兒童及成年人的腦幹的運動。

1. 從腳掌進行律動

　　受訓者以背部貼地躺臥，雙臂沿着身體兩側伸展。留意頭部是挺直還是傾側，以及足部的位置，正常來說它們應該對稱地平放，與地板呈四十五度角。

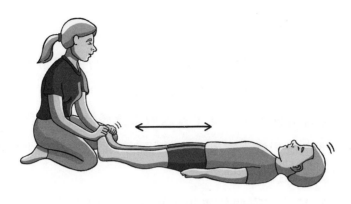

圖二十八：從腳掌進行律動

　　穩健地握着受訓者的腳掌，縱向搖晃他的身體。嘗試以不同的速度進行及留意動作有否出現流暢的律動韻律。運動動作應該進行得流暢和輕鬆，而非困難的。

　　注意身體內任何程度的壓力都會妨礙運動的流暢性。如果踝關節十分繃緊，較容易的做法是握着足踝，以代替握着腳掌的做法。流暢的動作通常會停止於橫膈膜或頸部的水平，有時亦會停止於臀部。

　　如果受訓者直躺地上，但是頭部向一邊傾側，則有可能有活性的非對稱性緊張性頸反射。頸部僵硬而不能跟隨運動的韻律，表示有一種或以上的活性頸部反射，例如非對稱性緊張性頸反射、緊張性迷路反射、恐懼麻痺反射或對稱性緊張性頸反射。雙臂如果持續地交叉於胸部，而不是沿着身體伸展，則代表有活性的擁抱反射。

（注意：若受訓者因患有唐氏綜合症而有頸椎畸形，切勿進行此項運動！）

2. 從膝部進行律動

受訓者以背部貼地躺臥，雙臂沿着身體兩側伸展，膝部彎曲呈五十至六十度。雙手握着受訓者的膝部下方，有韻律地向頭部方向推動。如果難以做出流暢的韻律動作，可以改變一下做法，雙手握着略高於膝部的部位或膝部下面的小腿，有韻律地拉動身體。

注意運動在哪個位置出現停頓。這項運動可以幫助整合脊柱反射。

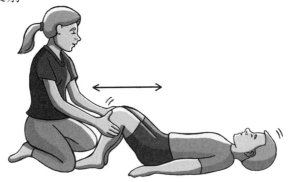

圖二十九：從膝部進行律動

（注意：若受訓者因患有唐氏綜合症而有頸椎畸形，切勿進行此項運動！）

3. 以胎兒姿勢進行律動

以胎兒式的四肢蜷曲側身姿勢進行被動式的韻律刺激，有極佳的效果，因為能夠保持運動的流暢性。最有效的做法是沿着脊柱從臀部至頭部的方向進行律動，而整個背部和頭部都應該參與此運動，訓練者把一隻手放於受訓者尾骨位

置，沿着脊柱律動身體。如果腰部出現不穩定和身體上部兩側擺動，可以把另一隻手放於肩膀以穩定身體。

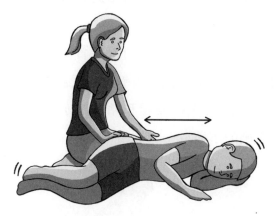

圖三十：以胎兒姿勢進行律動

4. 從胸廓左右進行律動

受訓者以背部貼地躺臥，雙臂沿着身體兩側伸展。將手放在受訓者胸部的一邊，輕輕兩邊律動身體，這項運動能為腸道提供大量刺激。

另一種方式是從胸部的另一邊進行律動，或是從胸部兩側輕輕推拉。

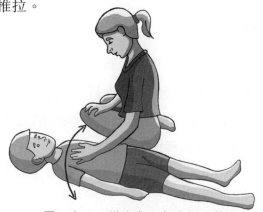

圖三十一：從胸廓左右進行律動

5. 從臀部進行律動

　　受訓者以俯臥姿勢躺着，額頭放在雙手上，腋窩要貼近墊子，訓練者按住受訓者的腰帶位置，輕輕地左右搖擺他的臀部。運動動作應該於乳頭的水平首先出現，如果肩膀和頭部亦同時擺動，可以把一隻手放在受訓者肩膀以穩定狀況，受訓者的足踝要保持放鬆和貼在墊子上，如果出現困難，可以在它們的下面放一個枕頭。

圖三十二：從臀部進行律動

6. 左右律動頭部

　　受訓者以背部貼地躺臥，將頭部從一側轉動到另一側。這項運動可以用不同的方式進行，包括於中線緩慢地作出大幅度的偏轉，或快速地作出細小幅度的偏轉。如有需要，可檢測運動是否對稱地及正確地進行。

　　此項運動能夠刺激頸部的本體感受器及前庭覺，並使頸部及整個身體得以放鬆。

圖三十三：左右律動頭部

（注意：若受訓者因患有唐氏綜合症而有頸椎畸形，切勿進行此項運動！）

刺激小腦的韻律運動

注意力障礙患者的小腦

韻律運動能夠改善注意力、集中力、抑制衝動情緒的能力、抽象概念思考能力、判斷力及學習能力，這是由於運動令小腦改善了大腦皮質的覺醒能力或增加了對大腦皮質各個不同區域的刺激等原因。但是，有些兒童由於有小腦功能障礙問題而不能流暢及有韻律地進行韻律運動，他們較難像沒有這些問題的兒童般從這些運動獲取那麼多的得益。

因此，最重要的是教導這些兒童有韻律地進行運動。有些兒童學習得比較快，可以在一個月內完成，但是另一些兒童可能需要每日練習持續多於一年，才可以流暢地、有韻律地及毫不費力地進行韻律運動；而當他們感到疲倦時，便會容易失去韻律感。

自動式的韻律運動對於減輕小腦的功能障礙相當有效，此外，這些運動會帶來其他重要影響，例如整合原始反

射及發展終生的姿勢反射（特別是對年幼的孩子）。刺激神經網的生長對於小腦覺醒大腦皮質及刺激大腦皮質各個不同區域而言，都是不可缺少的，這些運動可透過刺激神經網的生長，促進大腦各個部分的整合及連繫。而所有這些運動的效果對於解決注意力及學習障礙是十分有效的。

　　大腦需要時間才能重新組織結構，所以大腦需要持之以恆每天從自動式的韻律運動得到刺激，過程大概需要一年或以上的時間，學習及注意力的問題才能完全解決。

刺激小腦的韻律運動

　　以下是一些比較重要的、用作刺激小腦的運動。

7. 背部律動

　　受訓者以背部貼地躺臥，跟上面運動 2 的姿勢一樣，訓練者並以相同的動作有韻律地推動受訓者的雙腳及膝部。這項運動需要有相當程度的協調，對於有小腦功能障礙或活性脊柱格蘭特反射或脊柱佩雷茲反射的人士而言，進行這項運動會較為困難。若出現此情況，可以首先有韻律地推動受訓者的膝部，或是有韻律地輕輕觸碰他的膝部，以幫助他自行進行運動。

圖三十四：背部律動

　　注意運動的流暢性有否於頸部停止。如有，請要求他自主地點頭，讓他頭部跟隨其身體運動。

　　注意他有否運用肩膀或雙臂輔助活動。如有，請給他指出並協助他停止這些輔助活動。

　　運動的流暢性止於頸部顯示有活性頸部反射，肩膀或雙臂的輔助活動可能顯示反射未得到整合，因而導致身體上下部分的基礎訓練不足及合作性較差。

　　此項運動對於整合脊柱格蘭特反射和脊柱佩雷茲反射十分有效。它提供前庭覺刺激，舒緩情緒及激活皮質，有助減少過度活躍及改善集中力。

8. 腳掌扇形律動，如車輛的「擋風玻璃刮水器」

　　受訓者以背部貼地躺臥，雙腳保持 10 厘米的距離，注意足部姿勢及是否對稱。

圖三十五：腳掌扇形律動

　　跟着要求受訓者轉動雙腿，使大腳趾在中間互相觸碰，注意運動是否有韻律性和是否對稱，進行運動時，從中間至地板的偏轉幅度應該盡量大，同時亦不要失去自發的韻律。

運動動作應該從髖部起始，足部及足踝不應該參與活動。如果受訓者未能於進行此項運動時保持雙腳不動，這顯示巴賓斯基反射是活性的。

要有韻律地進行這項運動，許多兒童都會遇到困難，這是小腦出現功能障礙的一種特徵。成年人則通常沒有這種困難。

如果進行運動時明顯沒有韻律性，是小腦功能障礙的一種徵狀，所以教導受訓者有韻律地進行這項運動是十分重要的。

你可以幫助兒童被動地轉動雙腿，做法是握着略高於足踝的部分和轉動雙腿幾次，然後讓兒童自動地進行運動。

為了保持運動的韻律性，最理想的做法是重複進行運動數次，也許只是三至五次，以及數出運動的節拍，跟着停頓一會，然後又重新開始，漸漸地，受訓者會在失去韻律之前學懂重複進行運動多次。

這項運動能為小腦提供強烈的刺激和激活大腦皮質，並輔助小腦妥善地運作，它亦可以幫助受訓者更易注意到身體中線，以控制雙腳的動作及協助大腦左右兩邊的整合。

9. 臀部律動

受訓者臉部朝地俯臥，前額放在雙手上，左右搖擺臀部，運動動作應由位於肩胛骨末端水平（T8）的脊柱位置開始。如果開始運動時感到困難，尤其在兒童的個案中，你可以從髖部或是腰帶位置有韻律地推動，以輔助他進行運動。

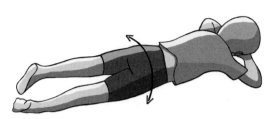

圖三十六：臀部律動

（Ａ）注意雙腳的位置，大腳趾應互相指向及雙腳應平放在墊子上。如果其中一隻腳或雙腳指向外邊，或者足踝過於繃緊，以致它們未能與墊子觸碰，這顯示巴賓斯基反射未被整合。

（Ｂ）注意肩膀的位置，以及在頭部和肩膀出現的任何輔助動作，腋窩應要貼近墊子，你可以輕輕把一隻手放在受訓者的肩胛骨，從而壓制輔助動作的出現。有些孩子在進行這項運動的時候，會遇到很多的困難，並可能會做出大幅度的輔助動作，這通常表示未被整合的脊柱反射和身體上下部分的協作關係較差。

（Ｃ）注意運動是否有韻律性和是否對稱。如有需要，可以糾正運動姿勢以使它變為對稱。如果它沒有協調性，訓練者可以用雙手推動受訓者的臀部來加以輔助，促使身體感覺到有何所需。你亦可以指導受訓者律動臀部三至四次，休息一會，然後再重複動作。欠缺韻律性的動作顯示小腦出現問題。

（Ｄ）當提起一邊的臀部時，留意同一邊的腿部有何變化。如膝部屈曲，兩棲類反射可能已經出現。若腿部伸展，兩棲類反射可能還未出現，這顯示了活性的脊柱格蘭特

反射或非對稱性緊張性頸反射，要糾正問題可以要求受訓者
在提起臀部時把膝部屈曲。

　　進行這項運動，可以於中線快速地作出細小幅度的偏
轉，或往身體兩側方向作出大幅度的偏轉。

　　透過此項運動，受訓者學會控制他的背部和臀部，而
頸部和肩膀不會涉及活動。此項運動，特別是快速的韻律運
動動作，可以刺激小腦和激活大腦皮質，並可舒緩情緒。

　　這項運動可以幫助脊柱格蘭特反射及脊柱佩雷茲反射
的整合，並且發展兩棲類反射。脊柱的旋轉運動能刺激及按
摩脊柱的神經淋巴點，同時這項運動會產生痰，並可能導致
呼吸困難，哮喘症患者進行運動時要特別小心。

　　這項運動亦可刺激脊髓泵及改善腦脊液的流通。

10. 縱向律動

　　受訓者臉部朝地躺臥，雙手放在耳朵的水平，手掌放
在墊子上，有韻律地從雙腳朝向雙手方向推動身體，手掌和
手指必須伸長，頭部和上身須提起，而下巴則拉近至胸部，
讓頸部和頭部成為脊柱的一個完整的延續，雙腳應該跟雙腿
呈九十度角，腳趾需要伸展。

圖三十七：縱向律動

　　受訓者需以小幅度的韻律動作縱向律動身體，如果這個姿勢很難堅持，這可能顯示抬軀反射還未出現。

　　採用不同的姿勢進行這項運動會產生不同的效果：

　　（1）手掌有韻律地拉動身體，並且訓練上臂部分。

圖三十八：手掌拉動身體

　　這項動作變化特別適合上臂部分較軟弱的人士，並協助他們整合對稱性緊張性頸反射、張口反射、抓握反射和手拉反射。

　　（2）雙手朝腳趾方向向後推動身體。

　　雙腿應該伸直，雙腳跟雙腿呈九十度角。這項運動十分適合腳趾生硬及腿部屈肌緊張的人士，它有助於整合護腱反射。

圖三十九：雙手向後推動身體

（3）俯臥姿勢讓前額放在雙手上，從腳趾朝雙手方向有韻律地縱向推動身體。

讓肩部和脖子放鬆，前額於手上上下滾動。這項運動有助發展身體上下部分的協調。

圖四十：縱向律動身體

11. 爬行

嬰兒一般會雙臂及雙腿並用進行交叉爬行活動，如果兒童的爬行動作是同側的，即是他於同一邊屈曲腿部及伸展手臂，這便可能隱藏了某些問題。

克斯廷・林德修正嬰兒的正常爬行動作，使它變為主要運用雙腿及臀部，而身體的上半部分則維持較被動的狀態。受訓者臉部朝地躺臥，前額放在雙手上，拉起其中一條腿至另一條腿的膝部水平，然後把腳按壓在墊子上，並伸展腿部，跟着另一條腿重複以上動作。

圖四十一：爬行

重要的是，這項運動必須運用所有的腳趾，如有需要，可以放置一張硬沙發墊於肚子下以抬高臀部，亦可在地上放上軟墊，幫助爬行。

一個確切的爬行動作有下列的特點：

（Ａ）在整個動作進行時，腳後跟必須指向天花板，而不是朝向另一隻腳。

（Ｂ）當伸出腿部時，所有腳趾應該接觸到地板。如果腳趾太生硬，可以在較柔軟的墊子上進行運動，或放置一對枕頭於肚子下以抬高臀部。

（Ｃ）臀部切勿離開地板，而直腿那邊的臀部一定要緊貼地板。

（Ｄ）在整個動作進行時，腳趾必須伸展，以及緊貼地板和另一隻腳。

大部分人士初次進行這項運動時，要做出確切地爬行動作幾乎是不可能的，他們需要首先放鬆腳趾、足踝和臀部過緊的狀態。

受訓者學會做出確切的爬行動作並保持穩固時，他可以把雙手放在背部，以及在地板上向前爬行。當爬行至一個堅硬的平面時，腳趾會變得濡濕以製造摩擦力。注意起初腳趾可能會感到疼痛。

爬行運動可以整合爬行反射，若能確切地進行動作，它能夠更有效地整合巴賓斯基反射。它能夠建立身體的交叉模式，以及協助整合非對稱性緊張性頸反射及大腦兩個半球。

　　由於這項運動主要牽涉到臀部，它往往會令受訓者產生強烈的情緒反應及夢境。

◀ 運用雙手和膝部或跪坐姿勢的運動

簡介

　　當進行雙手和膝部或跪坐姿勢的運動時，應集中留意背部及姿勢。首先要留意直立的姿勢，脊柱有否弓起？受訓者是否容易維持頭部抬起的姿勢，還是頭部會向邊垂或向前傾？

　　以下運動能夠幫助受訓者控制背部、改善姿勢、消除背部過度或不正常的彎曲，以及改善僵直背部的靈活性。這些運動對於整合原始反射非常重要，尤其是緊張性迷路反射、對稱性緊張性頸反射及脊柱格蘭特反射。藉着放鬆下背的僵直情況，抑壓的情緒亦能從中得到釋放。

12. 貓式

　　受訓者四肢觸地跪下，雙臂伸直或輕微彎曲，兩膝平置在地上。注意他雙手、雙腳及背部的位置，雙手指向前方、內側還是外側？手掌是否平放在地板上？手指有沒有彎曲？雙腳是否平放在地板？背部的彎曲是否正常？還是在腰部出現過度的脊柱前凸或輕微的脊柱後凸？

　　修正受訓者的姿勢：雙手應該指向前方並平置在平面上，手指要伸直，腰部應該有輕微的脊柱前凸（向下彎），

而胸椎應該是直的，可以的話，雙腳掌應平放於地板上。

　　要求受訓者緩慢地把腰部向下彎曲，並同時提起頭部，然後拱起背部並同時垂下頭部。在整個運動過程中，雙臂的手肘處微微彎曲。

圖四十二：貓式

　　注意頭部能否輕易地跟着移動，以及腰部有否出現繃緊或過硬，以致腰部未能向下彎曲，並且注意當腰部向下彎曲時，幅度是否過大，脊柱前凸的情況會否變得很嚴重（似一張吊床）。

　　雙手轉向內側或外側，便顯示上臂軟弱及有活性的對稱性緊張性頸反射。若雙腳因為膝部屈曲而未能平放於地板上，亦表示存在着活性的對稱性緊張性頸反射。如果足踝十分緊張，則顯示巴賓斯基反射未得到整合。托起的雙手及彎曲的手指象徵着有活性的對稱性緊張性頸反射、抓握反射或張口反射。

　　腰部出現僵硬及無力擺動背部的情況顯示了活性的脊柱反射或較低的背部內在肌張力，脊肌的繃緊狀態往往會作為補償作用。兒童往往會於腰背出現輕微脊柱後凸（俗稱駝

背）的情況，並難以向下彎曲腰部，這是一種補償行為，以彌補因活性對稱性緊張性頸反射所造成的軟弱上臂。

　　這項運動能改善背部的肌張力和減少其過度的靈活性，亦有助於整合脊柱反射。

13. 滾動頭部

　　受訓者四肢觸地跪下，前額放在墊子上，或放在柔軟的枕頭上，前臂也放在墊子上，而雙手放在頭部旁邊，為了保護頸部，他必須把全身的重量置於前臂及雙手，而非頸部。跟着由鼻子向前滾動至頭頂，再由頭頂滾動至鼻子。這項運動並不建議有頸部問題的成年人進行，然而這項運動對於兒童來說有良好的功效。**患有唐氏綜合症的人士切勿進行這項運動。**

　　這項運動可改善腰部的控制和改善背部的肌張力，它幫助整合緊張性迷路反射及對稱性緊張性頸反射。

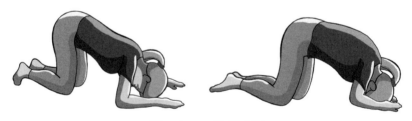

圖四十三：滾動頭部

14. 跪坐式律動

　　受訓者坐在腳跟上及向前伸展雙臂。跟着，身體向前律動直至頭部置於雙手之上，然後身體向後律動至坐在腳跟

之上，再向前躍動。雙臂皆需要輕微彎曲，雙手需要指向前方，手掌和手指伸直貼着地板，腰部輕微向下彎曲，胸椎應該挺直，而不是向後拱起，足踝要貼着地板，而不應該提起雙腳。

圖四十四：跪坐式律動

　　這項運動有助於整合對稱性緊張性頸反射，如果這個反射呈現活性狀態，上臂便會較為軟弱。這方面的弱點會由不同的途徑得到補償，例如向內或向外轉動雙手及鎖定手肘、肩胛骨之間下垂或是胸椎或腰椎向後拱起，有時候胸椎會固定於輕微的脊柱後凸的狀態下，如果受訓者能加寬肩胛骨之間距並挺直胸椎，上臂的軟弱情況便會變得十分明顯。

15. 腰椎律動

　　受訓者坐在腳跟上，輕輕向前傾斜，腰椎向前及向後律動，只有臀部和腰椎有所移動。為保持肩膀和頭部靜止不動，受訓者應提起雙臂至高於頭部的水平。前後撓曲動作需要緩慢地進行，如果能確切地進行，應該會有如鈍齒輪般的流暢動作。

圖四十五：腰椎律動

　　這項運動可以幫助受訓者控制腰部而不涉及頭部和肩膀，強化背部肌肉，亦有助於整合脊柱反射。

哈拉爾德・布隆貝格的故事

　　我於 1971 年取得醫生的專業資格，隨後數年主要從事兒童精神病學的工作。1976 年，我開始了成年人精神病學的工作專科訓練，並成為精神病學的專科醫生。1984 年，我參加了一個為期兩年有關臨床催眠的培訓課程，當中的導師有來自英國和美國的一些傑出的臨床催眠師，英國神經生理心理研究所的創辦人彼得・布萊斯亦是其中一位首席催眠導師。除了催眠課程，我也參加了一個有關原始反射和學習障礙的課程。

　　1985 年，我被介紹拜訪一個沒有受到正規醫學教育而自學成材的身體治療師克斯廷・林德。她創造出一套以嬰兒於學習走路前自發地進行的韻律運動為基礎的方法，我並聽說她非常成功地以該方法治療患有嚴重的神經系統和其他各種障礙的兒童和成年人。在我第一次拜訪她時，我便知道自己十分需要進行某些關於因童年時的小兒麻痺症而導致運動困難的治療，我並且成為了她的病人。她的治療方法對我有很大的影響，我請求她容許我在她工作時坐在她身旁，讓我能學習和了解她的方法，她亦親切地答應我的請求。我跟着她一起工作，特別是協助一些有神經系統障礙（如腦癱）的兒童，我看到了他們出現最令人難以置信的改善，這都跟

我之前所學的和我的經驗是相矛盾的。我亦有跟着她一起處理老年癡呆症（亦稱阿茲海默症）患者和患有精神病以及其他心理和情緒障礙的人，在這些個案中，她的治療所產生的正面效果亦讓我感到十分驚訝。我決定寫一本關於她的治療方法的書籍，並且開始會見曾接受她治療的殘疾兒童的父母。

1982 年，我完成了我的專業培訓，並在一間精神科門診診所擔任精神病學顧問。1986 年，我在診所採用克斯廷·林德的韻律運動訓練來治療神經病及精神病患者，效果十分理想，我在某些長期精神分裂症的個案中看到了令人鼓舞的康復情況，患者都非常感激和對治療感到滿意，但是當我的上司知道了我所使用的治療方法後，便禁止我繼續採用這種療法。我拒絕了他。為了終止我的療法，他在別無他法之下把事件報告給國家衛生與福利委員會，有關調查並於 1988 年開始。

在報告中，他提到禁止我使用這種治療方法的原因，是因為「這種療法不是基於可靠的經驗和科學的證據，而且並未得到普遍的接受或不是特別的廣為人知」。於是，我便寫了一份五十頁的報告，包括記錄了治療效果的十個研究案例，並且約 20 名我的病人亦去信給委員會表示對這種治療方法的讚賞。國家衛生與福利委員會的代表還巡查了我工作的門診診所。國家衛生與福利委員會的正式報告提出這種治療方法「得到很多病人的正面評價」和「運動治療是一種有價值的貢獻，但它的發展卻似乎處於僵局或停滯的情況」。

委員會得出的結論是：「如果治療方法的每個元素都被要求提出一個完整的科學文獻去支持，那麼精神科治療將可能是沒有效益的，這將完全違背人性化的價值觀和表達方式，精神病學也必須捍衛這點。」在報告中，我被強烈要求協助開始就治療方法進行有關的科學驗證。委員會在報告中批評我的上司缺乏住院和門診治療之間的合作，並要求院長採取了一些措施，以改善這種合作關係。

　　我與上司之間就這事情上的分歧持續了一年多的時間，國家衛生與福利委員會最終證明我沒有錯誤。但之後我不斷受到上司的排斥，在這惡劣的工作環境下，我最後決定辭職。

　　1989 年，我開始私人執業，我的一位同事邀請我介紹運動訓練給一群患有嚴重長期精神分裂症的病人，大部分患者住在精神病院已超過十年以上。我每週兩天參與該項目，剩下的時間便投放於我的私人執業。1991 年，這項目發展成為一個研究計劃，負責監督該計劃的是一位於默奧大學的心理學教授。該研究計劃是要持續五年的，但不幸地於 1994 年被中斷，當時因為一些私人原因，我需要放棄我在精神病醫院的工作。然而，於 1993 年，一份有關〈韻律運動療法對於長期精神分裂症病人的短期變化〉的報告被編纂出來。這份報告是由兩名心理學學生編寫的考試論文，他們得出的結論是：「這項研究顯示，接受了運動療法的患者表現出最大的正面變化，事實證明這些患者在更大程度上能夠參與社會活動、職業治療及在病房的日常工作，他們對周圍

的環境也愈來愈感到興趣。」

　　1990 年，我開始在一所人智學的特殊學校擔任精神病學顧問，每兩個星期在那處工作一次，那所學校的學生是一些十五至二十一歲有心理障礙的青少年。我在這所學校為學生進行韻律運動訓練。有些學生是弱智人士，有些則被診斷為患有自閉症或注意力缺乏症。學校的一些治療師跟我學會了韻律運動訓練，學生在進行韻律運動訓練後都得到很大的益處。我們的經驗是，患有由運動障礙、注意力缺乏症引致的學習障礙以及精神病的兒童，會從韻律運動訓練得到最大的益處，而患有自閉症的兒童亦需要進行無麩質和無酪蛋白的飲食，從而使他們避免在進行運動訓練後出現不必要的情緒反應。

　　在我的私人執業中，我將韻律運動訓練和原始反射整合運動互相結合。這種方法對於有讀寫障礙和注意力缺乏症的兒童是特別有益處的。我所有的病人都從韻律運動中受益，因為這些運動能刺激他們的治療效果，尤其是令他們產生夢境。

　　我在 1994 年放棄在精神病醫院的工作後，便開始投入全職私人執業工作。我可以有時間開始寫一本有關韻律運動訓練的書，我於 1986 年已有這個計劃。我的目標是，除了別的課題外，將韻律運動在改善運動能力及刺激夢境和心理發展這兩方面所得到的效果作詳細的解釋。這本書包括了運用韻律運動進行治療的一些病例報告，並試圖解釋其作用方式，以及一般性的討論關於科學醫學的理論基礎。《Helande

Liv》這本書終於在 1998 年由一間較小規模的出版社出版，那間出版社專門從事出版有關學習障礙和類似課題的書籍。

克斯廷‧林德雖然在個案中能觀察到原始反射，但並沒有刻意地處理原始反射的整合，因為她認為韻律運動會使原始反射自動被整合。我在 1990 年代曾參加彼得‧布萊及斯薩莉‧戈達德的原始反射課程。2000 年初，我亦參加了多個由斯韋特蘭娜‧瑪斯吉蒂娃所教授關於肌動學和整合原始反射的課程。

由九十年代起，我已教授韻律運動訓練給各治療師、老師及醫護人員。自從我首本有關韻律運動訓練的書籍出版後，人們對這課程的需求更殷切。隨後數年，我經常及定期教授韻律運動訓練的課程。這些課程的重點是治療患有閱讀障礙、多動症和運動問題的兒童。

綜合我過去教授韻律運動訓練課程方面的經驗，以及對原始反射的了解，我為韻律運動訓練寫了三本課程手冊，分別包括：

1. 韻律運動訓練與原始反射

2. 韻律運動訓練與邊緣系統

3. 韻律運動訓練與閱讀障礙

這些課程手冊主要以克斯廷‧林德所教授的韻律運動為主，當中還加上有關原始反射的信息，以及如何通過韻律運動和斯韋特蘭娜‧瑪斯吉蒂娃所教授的練習去整合原始反射。

在 2003 年和 2004 年，我出席了斯韋特蘭娜‧瑪斯吉蒂

娃於波蘭舉辦的學習營。當時，我講授有關韻律運動訓練，這引起了莫伊拉‧登普西及卡羅琳‧尼蘭極大的興趣，她們並分別在 2005 年邀請我去新加坡和馬來西亞以及美國授課。

隨後至今，我曾到訪不同的國家及地區教授韻律運動訓練的課程，當中包括中國、香港、美國、西班牙、日本、芬蘭、法國、德國、波蘭、英國、瑞士、比利時、烏克蘭、加拿大及澳洲等。

2008 年，我發行了另一本有關韻律運動的瑞典文書籍《Rörelser som helar》，其後莫伊拉‧登普西於 2011 年輔助我一起發行英文版。這本瑞典文書籍的發行使人們對我的課程的需求不斷增加。2009 年，我在瑞典斯德哥爾摩開設了一所韻律運動訓練中心，專門教授不同的韻律運動訓練課程，以及治療病人，病人主要是有注意力、活動能力、閱讀及書寫等問題，或被診斷為患有自閉症或阿斯伯格綜合症的兒童。

其後我將 2008 年的瑞典文原著作出重大更新，它總結了我所教的不同課程，輔以很多不同的病例去解釋韻律運動的功能及發展，這本書亦被翻譯成多種語言（但並未包括英文版），而中文版《布隆貝格韻律運動訓練》於 2013 年出版，《布隆貝格韻律運動訓練》這本書是 2008 年原著的更新版本，跟 2011 年出版的英文版本有所不同，內容更加關注環境因素不僅對自閉症產生影響，對於患有專注力和學習問題的人也影響深遠，我也重新撰寫書中有關自閉症的章節，

還包括了很多有關反射的內容，希望能給讀者一個更清晰的理解。2015 年，我再將所有內容重新編排及更新，以及因應不斷變化的環境因素加入新元素，並將書名的英文版改為《The Rhythmic Movement Method》，由我親自發行。其中文版《布隆貝格韻律運動訓練》（更新版）亦於 2017 年發行。

此外，我在 2010 年寫了一本名為《Autism-en sjukdom som kan läka》的書籍並在瑞典出版，此書主要提及引致自閉症的環境因素及運用適當的飲食、食品補充劑，以及進行韻律運動訓練去幫助治癒自閉症，其中文版《自閉症：一種可醫治的疾病》及英文版《Autism: a path to healing》亦分別於 2014 年及 2016 年在香港及美國發行。

　　2011 年，我發行了兩本分別關於中樞興奮劑及讀寫障礙的小冊子。此外，我在 2014 年出版了一本名為《Gluten related disorders in children and adults》的小冊子，其中文版《麩質引致的相關病症》亦於同年在香港發行。2015 年，我出版了一本關於維生素B12 的小冊子，其中英文版於 2016 年發行。2016 年，我出版了一本關於痛症的小冊子，其中英文版於 2017 年發行。

　　當我運用韻律運動來治療患有過動、學習困難或運動問題等的兒童時，韻律運動愈來愈起不到迅速的作用，這跟我最初運用時出現的效果大為不同。有見及此，我開始研究現今孩子的健康每況愈下的成因，以及他們需要配合的生活模式，希望能讓韻律運動的效果發揮得最好。現今孩子的免疫系統嚴重受環境因素影響，如：電磁場輻射、重金屬、食品添加劑及其他化學物質、缺乏營養和不健康的食物等，從而引致麩質和酪蛋白敏感及乳糜瀉的個案不斷上升。來自手機和無線網絡以及食物不耐受的壓力都是導致現今孩子的健康每況愈下的主要原因，所以為了使韻律運動訓練發揮得淋漓盡致，在進行韻律運動的同時，必須要處理以上的環境因素所造成的影響。因此，韻律運動訓練不可單單只注重運動和整合反射，亦需要顧及環境因素，這從長遠來看才是真正有效的。「布隆貝格韻律運動訓練®」致力於堅守在生活於一個健康的環境，以及進行健康和富營養的飲食的大前提下，「健康是每個人自然的情況」的原則，因此「布隆貝格韻律運動訓練」亦周詳地顧及現今世界的環境壓力因素，並

建議一系列的步驟去結合韻律運動訓練，開拓一套革命性的方法，以改善人們的健康和福祉，並幫助他們擁有具生產力和持續性的健康，這套由我所開拓的方法稱為「貝氏療法®」（Rhythmic Movement Method）。《The Rhythmic Movement Method》及其中文版《布隆貝格韻律運動訓練》（更新版）這兩本書的內容將能讓讀者更了解我所開拓的這套方法。

　　我現時所教授的「布隆貝格韻律運動訓練」課程包括：

- 「布隆貝格韻律運動訓練」第一級：韻律運動訓練與原始反射
- 「布隆貝格韻律運動訓練」第二級：韻律運動與情緒管理
- 「布隆貝格韻律運動訓練」第三級：韻律運動與閱讀和書寫能力
- 「布隆貝格韻律運動訓練」與飲食管理
- 「布隆貝格韻律運動訓練」與不一樣的孩子（第一級）
- 「布隆貝格韻律運動訓練」與不一樣的孩子（第二級）
- 「布隆貝格韻律運動訓練」與學前幼兒培育
- 「布隆貝格韻律運動訓練」與痛症管理（第一級）
- 「布隆貝格韻律運動訓練」與痛症管理（第二級）
- 「布隆貝格韻律運動訓練」與夢境及內在醫治
- 「布隆貝格韻律運動訓練」於腦癱的應用
- 「布隆貝格韻律運動訓練」於帕金森病的應用
- 「布隆貝格韻律運動訓練」於阿茲海默症的應用
- 「布隆貝格韻律運動訓練」於精神病的應用
- 「布隆貝格韻律運動訓練」第一級深造培訓

- 「布隆貝格韻律運動訓練」第二級深造培訓
- 「布隆貝格韻律運動訓練」第三級深造培訓
- 「布隆貝格韻律運動訓練」飲食管理深造培訓
- 「布隆貝格韻律運動訓練」痛症管理深造培訓

「布隆貝格韻律運動訓練」 及各個課程和導師的資料

　　布隆貝格醫生因應不斷變化的環境因素，把他開拓的韻律運動訓練注入新元素，為課程內容不斷作出更新，演變為今天的「布隆貝格韻律運動訓練®」（Blomberg Rhythmic Movement Training®）課程。為確保這套方法是依據他所開發的理論並且是有效的，以及能正確地應用，布隆貝格醫生只會認可「布隆貝格韻律運動訓練®」導師所教授的課程，坊間其他的韻律運動訓練機構的課程是不被他所認可的。

　　有關「布隆貝格韻律運動訓練®」及各個課程和導師的資料，可以瀏覽以下網頁：

「布隆貝格韻律運動訓練®」官方網站：

www.blombergrmt.com
www.blombergrmt.asia（亞洲地區）
www.brmtcn.cn（大中華地區）

「布隆貝格韻律運動訓練®」共有多個範疇的課程，包括：

- 「布隆貝格韻律運動訓練」第一級：韻律運動訓練與原始反射
- 「布隆貝格韻律運動訓練」第二級：韻律運動與情緒管理
- 「布隆貝格韻律運動訓練」第三級：韻律運動與閱讀和書寫能力

- 「布隆貝格韻律運動訓練」與飲食管理
- 「布隆貝格韻律運動訓練」與不一樣的孩子（第一級及第二級）
- 「布隆貝格韻律運動訓練」與學前幼兒培育
- 「布隆貝格韻律運動訓練」與痛症管理（第一級及第二級）
- 「布隆貝格韻律運動訓練」與夢境及內在醫治
- 「布隆貝格韻律運動訓練」於腦癱的應用
- 「布隆貝格韻律運動訓練」於帕金森病的應用
- 「布隆貝格韻律運動訓練」於阿茲海默症的應用
- 「布隆貝格韻律運動訓練」於精神病的應用

　　如想尋找具專業資格的「布隆貝格韻律運動訓練®」課程導師，請到以上網站，或者關注微信號 honofamily。如有疑問，請電郵：info@blombergrmt.asia（亞洲地區）或 info@brmtcn.cn（大中華地區）。

參考文獻

第一章

1   Andrew Bridges, Associated Press, 6 January 2004

2   Peter Breggin: *Talking back to Ritalin*, Da Capo Press, 2001, page 259

3   Breggin, page 68

4   Breggin, page 24

5   BBC, Panorama, *What next for Craig*, 12 November 2007

6   BBC, Panorama, *What next for Craig*, 12 November 2007

7   MTA Cooperative Group (2007), Secondary Evaluations of MTA 36-Month Outcomes: Propensity Score and Growth Mixture Model Analyses, *Journal of the American Academy of Child & Adolescent Psychiatry*, Volume 46(8), August 2007

8   Aarskog, D. Fevang, F., Klöve, H., Stöa, K.,och Thorsen, T., (1977) The effect of stimulant drugs, dextroamphetamine and methyphenidate, on secretion of growth hormone in hyperactive children, *Journal of Pediatrics, 90*, 136-139

9   Nasrallah, H., Loney, J., Olson, S., Mc-Calley-Whitters, M., Kramer, J., and Jacoby, C. (1986) Cortical atrophy in young adults with a history of hyperactivity in childhood. *Psychiatry Research* 17;241-246

10 Swanson, J.M., Cantwell, D., Lerner M., Mc Burnett, K., Pfiffnier, L., and Kotkin, R. Treatment of ADHD: Beyond Medication. *Beyond Behavior 4:No 1* sid. 13-16 och 18-22

11 Drug Enforcement Administration (DEA). (1995 b, October 20) Methyphenidate; DEA press release

12 Lambert, N., & Hartsough, C.S.(1998). Prospective study of tobacco smoking and substance dependence among samples af ADHD and non-ADHD subjects. *Journal of Learning Disabilities 31*, 533-534

13 Breggin, page 71 – 72

14 Melega, W.P., Raleigh, M.J., Stout, D., B., Lacan, G., Huang, S., C., & Phelps, M. E. Recovery of Striatal dopamine function after acute amphetamine- and methamphetamine-induced neurotoxicity in the vervet monkey, *Brain Research, 766*, 113-20

15 Raine ADHD Study report: Long-term outcomes associated with stimulant medication in the treatment of ADHD in children. Government of Western Australia, Department of Health

    (http://www.health.wa.gov.au/publications/documents/MICADHD_Raine_ADHD_Study_report_022010.pdf)

16 Kort om ADHD hos barn och vuxna. En sammanfattning av Socialstyrelsens kunskapsöversikt, 2004

第二章

17　Robert Winston, *The Human Mind*, International Edition, November 23, 2004, page 78

18　Paul D. MacLean: *The Triune Brain in Evolution*, Plenum Press 1990

19　Jean Ayres, *Sensory Integration and the Child*, WPS, 2000, page 72

第三章

20　Breggin, page 217

21　Breggin, page 86

22　Breggin, page 34 – 35

23　Breggin, page 40

24　Jaffe, J.H. (1995) Amphetamine (or amphetamine like)-related disorders. In H.I. Kaplan and Saddock , B. (Eds) *Comprehensive textbook of psychiatry, IV*, page 791 – 799. Baltimore: Williams & Wilkins

25　Associated Press, 4 January 2006

26　Eli Lilly, "Poster" presented at a conference in Florence, 28 August 2007

27　MHRA, *Preliminary Assessment Report*, December 2005

28　FDA, Report, 3 March 2006

第四章

29　Swedish daily Metro, 23 January 2006

30　Swedish daily Svenska Dagbladet, 12 June2007

31　According to an article by Bertil Wosk, Pelle Randberg: Konstgjort sötningsmedel ett hot mot vår hälsa, *Näringsråd och Näringsrön* 2001, 6

32　New fears over additives in children's food by Felicity Lawrence, *The Guardian* 8 May 2007

33　Mona Nilsson, Maria Lindblad; *Spelet om 3G*, Medikament Faktapocket 2005

34　Salford LG m.fl: Nerve Cell Damage in Mammalian Brain after Exposure to Microwaves from GSM Mobile Phones, *Environmental Health Perspectives* 2003:11

35　Divan el al.: Prenatal and Postnatal Exposure to Cell Phone Use and Behavioral Problems in Children; *Epidemiology* Vol 19, Number 4, July 2008

36　Jan Wållinder, *Transmittorn* nr 7

37　Kort om ADHD hos barn och vuxna. En sammanfattning av Socialstyrelsens kunskapsöversikt, 2004

第五章

38　Paul D. MacLean, page 23

39　Sally Goddard, *Reflexes, Learning and Behavior*, Fern Ridge Press, 2002, page 89

40　*En Bok om Hjärnan*, Tiden, Rabén Prisma, 1995. page 149

41　Svetlana Masgutova with Nelly Akhmatova: *Integration of Dynamic and Postural Reflexes into the Whole Body Movement System*, Warsaw 2004

第六章

42　Frank A. Middleton and Peter L. Strick: Cerebellar Projections to the Prefrontal Cortex of the Primate, *Journal of Neuroscience* 21(2):700-712

43　Torleiv Höien, Ingvar Lundberg, *Dyslexi*, Natur och Kultur 1999, page 182

第七章

44　James Purdon Martin: *The Basal Ganglia and Posture*, Pitman Medical Publishing Co. Ltd, 1967

45　James Purdon Martin

46　Bryan Jepson: *Changing the Course of Autism*, page 115, Sentient Publications, 2007

47　Svetlana Masgutova

第八章

48　Sally Goddard, page 142

第十章

49　Jean Ayres, *Sensory Integration and the Child*, WPS, 2000, page 39

50　Jean Ayres, page 55

51　Paul MacLean, page 327

52　Berit Heir Bunkan, *Muskelspänningar*, Universitetsforlaget Oslo 1980, page 43

53　Jean Ayres, page 137

54   Paul MacLean, page 396

第十一章

55   Elkhonin Goldberg: *The Executive Brain*, Oxford University Press 2001, page 34

56   Elkhonin Goldberg, page 36

57   Frank A. Middleton and Peter L. Strick: Basal-ganglia Projections to the Prefrontal Cortex of the Primate, *Cerebral Cortex*, Vol. 12, Nr 9

58   Elkhonin Goldberg, page 139

第十二章

59   Bryan Jepson, page 35

60   Bryan Jepson, page 25

61   Functional impact of global rare copy number variation in autism spectrum disorders. *Nature*, Published online 09 June 2010

62   Geier DA, et al. (2009). A prospective study of prenatal mercury exposure from maternal dental amalgams and autism severity *Acta Neurobiologiae Experimentalis*, 69:189-197

63   Robert Kennedy Jr, Autism, Mercury and Politics, *Boston Globe* 1/7/2005

64   William Shaw: *Biological Treatments for Autism and PDD*, 2002, page 5 and 102

65   Wakefield AJ. et al. (1998). Heal-lymphoid-nodular hyperplasia, non-specific colitis, and pervasive development disorder in children. *Lancet* 1998 Feb 28;351(9103):637-41

66   Bryan Jepson, page 82 – 86

67   Reichelt. K.L. et al. Childhood Autism: A Complex Disorder. *Biol. Psychiatry* 21, 1986

68 Sapone A. et al. Spectrum of gluten-relate disorder: consensus on a new nomenclature and classification. *BMC Medicine 2012 10:13*

69   Andrew Wakefield, *Waging war on the autistic child*, Skyhorse Publishing 2012, page 53

70   Knivsberg A M, Reichelt KL, Höjen T et al.: A randomised, controlled study of dietary intervention in autistic syndromes. *Nutritional Neuroscience* 2002: 13:87-100

71   Whiteley P, Haracopos D, Knivsberg AM et al. "The ScanBrit randomized, controlled, single-blind study of a gluten- and casein-free dietary intervention for children with autism spectrum disorders." *Nutritional neuroscience* 2010; 13;87-100

72   www.bioinitiative.org

73 Bryan Jepson, pages 172 and 252

74 Amy Yasko, *Autism: Pathways to Recovery*, 2009 Neurological Research Institute, page 68

75 Amy Yasko, page 59

第十三章

76 David H Ingvar, Abnormal Distribution of Cerebral Activity in Chronic Schizophrenia. *Perspectives in Schizophrenia Research*, New York 1980

77 Reichelt, K.L. et al., Urinary Peptides in Schizophrenia and Depression. *Stress Medicine 1*, 1985

78 Dohan F.C. Grasberger J.C.: Relapsed Schizophrenics: Earlier Discharge from Hospital after Cereal-Free, Milk-Free Diet, *American Journal of Psychiatry*, 130

79 Mårten Kalling, *Gap junctions, Kanalerna mellan celler*, Unpublished manuscript June 2007

80 Robert G. Heath: Modulations of Emotions with a Brain Pacemaker, *The Journal of Nervous and Mental Disease*, No 5 1977

81 Robert G. Heath: Gross Pathology of the Cerebellum in Patients Diagnosed and Treated as Functional Psychiatric Disorders, *The Journal of Nervous and Mental Disease*, No 10 1979

82 Paul MacLean, page 527 – 534

83 According to an article by Anna-Lena Haverdahl: Var sjätte dog efter lobotomi. Svenska Dagbladet 30 April 2007

84 Paul MacLean, page 529

85 Mats Lindqvist & Gerd Pettersson: Rytmiska rörelseterapi med kroniskt schizofrena patienter, Examensarbete 20 poäng, Umeå Universitet, 1993

第十四章

86. Rodney P Ford, The Gluten Syndrome: A Neurological Disease, *Medical Hypotheses 73*, No 3 (September 2009)

第十五章

87 Myrberg, Mats red.: Att skapa consensus om skolans insatser för att motverka läs- och skrivsvårigheter

88 Boder, E. 1973. Developmental dyslexia: A diagnostic approach based on three atypical reading-spelling patterns. *Developmental Medicine and Child Psychology, 15*, page 663 – 687

89 Gjessing, H. 1977. *Dysleksi*. Oslo: Universitetsförlaget

90 Aaron, P.G. 1978. *Dyslexia, an imbalance in cerebral information processing strategies*. Perceptual and Motor Skills, 47, page 699 – 706

91 Hellige, Joseph B: *Hemispheric Asymmetri*, Harvard University Press, 1993, page 36

92 According to Kandel, Schwartz & Jessel: *Principles of Neural Science*, 3rd edition 1991

93 Elkhonin Goldberg, page 49

第十六章

94 Lasse Müller: *Optometri vid läs- och skrivsvårigheter*, 2006

95 Dr. David Cook: *When your child struggles*. Invision Press, Atlanta, 2004

96 Dr. David Cook

97 Svetlana Masgutova, page 66

98 M McPhillips, P G Hepper, G Mulhem: Effects of replicating primary-reflex movements on specific reading difficulties in children: a randomised, double-blind, controlled trial. *The Lancet* Vol. 355, No 9203, page 537 – 541

99 Mc Philips M, Jordan-Black J.-A., Primary reflex persistence in Children with reading difficulties (dyslexia): A cross-sectional study, *Neuropsychologia* 2006

100 Gesell, Arnold et al. *Vision: Its Development in Infant and Child*, 1998

第十七章

101 Johansen, Kjeld V: *Lyd, hoerelse og sprogudvikling*, 1993

102 Moats, L. (1996) Phonological spelling errors in the writing of dyslectic children. *Reading and Writing: An Interdisciplinary Journal, 8*, page 105 – 119

103 Hamilton, Gregory and others: Psychiatric Symptoms and Cerebellar Pathology. *Am J Psychiatry* 14:10, October 1983

第十八章

104 Steen Larsen: *Laesningens mysterium*, Hellerup 1996, page 112

105 Elkhonin Goldberg, page 24

106 Elkhonin Goldberg, page 114

107 Berg, Lars-Eric och Cramér, Anna: *Hjärnvägen till inlärning*, Natur och Kultur 2011

108 McPhilips M, Jordan-Black J.-A.

詞彙表

調節 (Accommodation)：眼睛於遠近距離來回變焦的能力。如要看清近距離物體，睫狀肌便要收縮令晶狀體變得凸度增加。

腎上腺素 (Adrenalin or epinephrine)：腎上腺髓質在壓力下產生的荷爾蒙，令脈搏跳動加快、血壓上升、骨骼肌的血液流動加速及瞳孔擴大。

氨基酸 (Amino acid)：構成蛋白質的基本單位。

杏仁核 (Amygdala)：位於顳葉，隸屬於邊緣系統。杏仁核對情緒反應（恐懼及攻擊性行為）、記憶及決策能力是非常重要。

自閉症譜系障礙 (Autism Spectrum Disorder or ASD)：症狀如社交困難、溝通問題及重複行為和興趣，有時候也會出現認知能力發展遲緩。自閉症譜系障礙列於《美國精神疾病診斷與統計手冊（第五版）》，當中包括自閉症、阿斯伯格綜合症及雷特綜合症。

軸突 (Axon)：傳導電子脈衝離開神經細胞體的神經纖維。

基底節 (Basal Ganglia)：根據保羅・麥克林的理論，這部分對應爬蟲腦，負責掌管姿勢反射。

雙眼視覺 (Binocular vision)：雙眼注視物件並把雙眼的視覺融合產生單一的整體感覺（三維影像）的能力。

腦幹 (Brain stem)：大腦與脊髓連接之處，它包括中腦、延髓及腦橋。

布洛卡區 (Broca area)：位於大腦左半球的額葉部分，主管言語發展、語言的理解能力、文法和語法的應用。

小腦 (Cerebellum)：位於大腦後方，腦幹及枕葉的中間位置，於運動能力、身體協調、注意力和言語等方面擔當着重要的角色。

大腦皮質 (Cerebral cortex)：大腦最外層的結構，包括幫助身體啟動自發運動的運動皮質，以及幫助從感官接收信息的感官皮質如視覺皮質、主要聽覺皮質及主要體覺皮質。大腦皮質對意識、自發運動、知覺、注意力及語言能力是至關重要的。

腦癱 (Cerebral palsy)：一種永久性的活動障礙，會造成不正常的肌肉功能和姿勢。此病症是由於大腦在成長時期其控制運動功能的部分受損所引致的，病症可於懷孕、生產或出生至三歲期間出現。

睫狀肌 (Ciliary muscle)：位於眼睛內部呈圓環狀的平滑肌，控制眼睛調節能力。副交感神經令睫狀肌收縮，使圓環狀的睫狀肌的直徑縮短，晶狀體因此變得較球狀，增強其折射光線能力，從而更容易觀看近距離的東西。交感神經則令睫狀肌放鬆，幫助觀看遠距離的東西。

扣帶皮質 / 扣帶回 (Cingulate cortex)：屬於邊緣系統一部分，像扣帶一樣圍着腦幹和基底節。根據保羅・麥克林的理論，扣帶回的功能是調控母性行為及玩耍能力。

胼胝體 (Corpus callosum)：一束連接大腦左右半球的神經纖維，促使大腦兩個半球之間的溝通。

皮質醇 (Cortisol)：由腎上腺皮質分泌的一種激素，在受壓時會被釋出，有助身體在壓力下回復平衡。

數位增強無線電話 (DECT phone)：通過一個基站連接固定通訊網絡系統至多個通訊裝置的無線電話。基站跟流動電話塔的功能一樣，並會釋放輻射，因此無線電話比有線電話對身體的影響更大。

齒狀核 (Dentate nucleus)：位於大腦兩個半球各深處的神經核，由一大束神經纖維連接至額葉。齒狀核對語言及自發運動能力非常重要。

多巴胺 (Dopamine)：大腦的一種神經遞質，與邊緣系統、前額葉皮質及基底節有密切關係，其功能主要用於獎賞行為和運動控制。

內隱斜 (Esophoria)：當眼睛休息時，會自動向內移動。

外隱斜 (Exophoria)：當眼睛休息時，會自動向外移動。

執行功能 (Executive functions)：管理策劃、短期記憶、注意力、衝動控制及心智彈性等的有意識的過程。

融合 (Fusion)：視覺皮質把雙眼的影像融合產生單一的整體影像（三維影像）的能力。

小窩 (Fovea)：位於眼睛視網膜中央的黃斑區域，影像會聚焦在中間並清晰化。小窩又稱中央視覺場。

γ- 氨基丁酸 (GABA)：哺乳動物的中樞神經系統中主要的抑制性大腦神經遞質，負責減輕神經系統中神經元的興奮性。

運動覺 (Kinesthetic sense)：對身體不同部分的相對位置以及身體進行運動時所採用的力量的感官感覺。與本體覺相同。

髓磷脂 (Myelin)：一種絕緣物質，在神經元的軸突周圍形成一層髓鞘。髓鞘幫助加快脈衝沿髓鞘化纖維傳送的速度。

新皮質 (Neocrotex)：大腦皮質中較新的部分，分為六層，涉及高等功能如組織能力。

神經路徑 (Neural pathways)：一束束的軸突連接着大腦不同部分。

神經元 (Neuron)：神經細胞，包括細胞體、軸突和樹狀突。

神經遞質(Neurotransmitters)：從軸突末段釋放出來，並會穿透突觸把神經信號從一個神經元傳至另一個。

枕葉 (Occipital lobe)：位於大腦後方位置，負責接收視覺信息。

頂葉 (Parietal lobe)：位於額葉和枕葉之間上方中間位置，負責語言和一般感官功能。

帕金森綜合症 / 柏金遜症 (Parkinson's Disease)：症狀包括失去肌肉控制能力、肌肉靜止時會顫抖、自發性動作緩慢、姿勢反射失去功能及平衡力變差。

肽 (Peptide)：包含着兩種或以上的氨基酸單位，合成後會形成蛋白質。

肽酶 (Peptidase)：分解肽成氨基酸的蛋白質分解酶，可於胃液中找到。

姿勢反射 (Postural reflex)：維持日常身體姿勢及靈活性的終生反射。姿勢反射亦稱為穩定及平衡反射或運動反射，因為它既讓身體在引力場下保持穩定性與平衡，又幫助以正確姿勢步行及跑步。

前額葉皮質 (Prefrontal cortex)：額葉最前端部分，負責執行功能的工作。

主要運動皮質 (Primary motor cortex)：位於額葉後方，與其他運動區域、小腦及基底節有緊密合作，負責計劃及執行運動。

原始反射 (Primitive reflexes)：由腦幹控制的自動刻板動作。原始反射於懷孕時期的不同階段和出生後的第一年間發展，最終由基底節整合成嬰兒的全身活動模式。

本體覺 (Proprioceptive sense)：對身體不同部分的相對位置以及身體進行運動時所採用的力量的感官感覺。與運動覺相同。

浦肯野細胞 (Purkinje cells)：大腦皮質內的細胞，以GABA為神經傳遞物質。

網狀激活系統 (Reticular activation system or RAS)：延髓中的神經網絡，負責接收感官信息，然後傳遞至大腦皮質。它會控制中央神經系統的活動，包括覺醒、專注和睡眠。

斜視 (Strabismus)：雙眼難以望向同一方向，或出現斜看東西的行為。其中一隻眼睛或雙眼會向內轉 (內斜視) 或向外轉 (外斜視)。

壓抑 (Suppression)：如果出現斜視，大腦會抑制有斜視的眼睛，以避免影像重疊。

突觸 (Synapse)：神經元之間的連接，神經遞質在突觸前細胞發生衝動，並穿過突觸間隙，與突觸後膜的神經遞質受體結合，從而使信息繼續傳遞下去。

顳葉 (Temporal lobe)：位於額葉和頂葉的下方，其結構主要包括初級聽覺皮質、韋尼克區、杏仁核及海馬體。顳葉主要處理聽覺信息、語言理解、情緒及學習能力。

前庭系統 (Vestibular system)：位於內耳前庭的感覺系統，與身體活動及平衡有密切關係。

韋尼克區 (Wernicke's area)：位於左顳葉的後部分，幫助辨認和理解口語。

中英名詞對譯

二畫
人智學的　anthroposophical

三畫
三合一的大腦　triune brain
上隱斜　hyperphoria
下丘腦　hypothalamus
大肌肉運動能力　gross motor ability
大腦左半球　left hemisphere
大腦右半球　right hemisphere
大腦皮質　cortex
小肌肉運動能力　fine motor ability
小腦　cerebellum
小腦蚓部　vermis
小窩　fovea
小腿肌肉　calf muscle

四畫
中腦　midbrain
中腦皮質多巴胺系統　mesocortical
　dopamine system
中樞興奮劑　central stimulant
中線反射　midline reflex
內隱斜　esophoria
天門冬氨酸　aspartic acid
巴賓斯基反射　Babinski reflex
手拉反射　hands pulling reflex
汞　mercury

五畫
自動式韻律運動　active rhythmic
　movement
主導眼　dominant eye
代謝物　metabolite
可塑腦　plastic brain
外啡肽　exomorphines
外隱斜　exophoria
布洛卡區　Broca area
平衡覺　balance sense
本體覺　proprioceptive sense
正電子發射斷層掃描　positron emission
　tomography (PET)
甲醇　methanol
皮質醇　cortisol

六畫
交叉運動　cross movement
交感神經系統　sympathetic nervous
　system
同步　simultaneous
同肢反射模式　symmetrotone reflex pattern
回視　regressions
多巴胺　dopamine
多巴胺受體　dopamine receptor
多巴胺系統　dopamine system
多巴胺神經連接　dopaminergic
　nerve connections

多動症（或過度活躍症）attention deficit hyperactivity disorder

多發性硬化症　multiple sclerosis (MS)

扣帶回　gyrus cingulus

肌肉鎧甲　muscle armour

肌肉檢測　muscle checking

肌張力　muscle tone

肌萎縮側索硬化症　amyotrophic lateral sclerosis (ALS)

自由基　free radicals

自動步態反射　automatic gait reflex

自閉症　autism

自閉症譜系障礙　autism spectrum disorder

七畫

伸肌　extensor muscles

利他林　Ritalin

尾狀核　nucleus caudatus

抓握反射　grasp reflex

杏仁核　amygdala

汞合金　amalgam

谷氨酸　glutamate

谷氨酸受體　glutamate receptors

谷胱甘肽　glutathione

足跖反射　plantar reflex

八畫

依附反射　clinging reflex

兩棲類反射　amphibian reflex

味精　monosodium glutamate (MSG)

屈肌　flexor

帕金森病（或稱柏金遜症）Parkinson's disease

抬軀反射（蘭道反射）Landau reflex

枕葉　occipital lobe

注意力缺乏症　attention deficit disorder

爬蟲腦　reptilian brain

知覺過程　perception process

肩胛骨　scapula

肽　peptides

肽酶　peptidase

表達型失語症　expressive aphasia

近視　myopia

阿斯巴甜　aspartame

阿斯伯格綜合症　Asperger

非對稱性緊張性頸反射　asymmetric tonic neck reflex (ATNR)

九畫

前庭神經核　vestibular nuclei

前庭覺　vestibular sense

前傾式緊張性迷路反射　tonic labyrinthine reflex (TLR) forward

前額葉皮質切除手術（簡稱腦葉切除手術）lobotomy

前額葉皮質　prefrontal cortex

姿勢反射　postural reflex

後傾式緊張性迷路反射　tonic labyrinthine reflex (TLR) backward

疫苗　vaccination

突觸　synapses

美國食品藥品監督管理局　FDA

胎兒運動　pre-birth exercise

苯丙氨酸　phenylalanine
苯丙胺（俗稱安非他命）Amphetamine
重金屬　heavy metal
韋尼克區　Wernicke area
食物不耐受　food intolerance
食物添加劑　food additive
原始反射　primitive reflex
哺乳動物　mammalian
哺乳動物大腦　mammalian brain
恐懼麻痺反射　fear paralysis reflex
氨基酸　amino acid
浦肯野細胞　Purkinje cells
海馬體　hippocampus
神經元　neuron
神經底盤　neural chassis
神經核　nerve nuclei
神經連接　nerve connections
神經傳遞物　neurotransmitter
神經纖維　nerve fibres
胼胝體　corpus callosum
脊柱　spine
脊柱佩雷茲反射　spinal Pereze reflex
脊柱前凸　lordosis
脊柱後凸　kyphosis
脊柱格蘭特反射　spinal Galant reflex
脊髓　spinal cord

十畫
迷走神經　vagus nerve
追視　eye-tracking
骨盆旋轉　rotated pelvis

十一畫
假性近視　pseudo myopia
副交感神經系統　parasympathetic nerve system
啡肽　exomorphines
基底節　basal ganglia
專注達　Concerta
張力亢進　hypertonic
張口反射　Babkin reflex
張口掌頦反射　Babkin palmomental reflex
情景記憶　episodic memory
斜視　strabismus
淋巴結　lymph nodes
甜味劑　sweetener
眼球跳動（或稱眼球追蹤）saccadic eye movements
硫柳汞　thimerosal
細胞核　cell nuclei
習慣化　habituation
被動式韻律運動　passive rhythmic movement
頂葉　parietal lobe
魚腦　fish brain

十二畫
掌反射　palmar reflex
散光　astigmatism
斯德瑞（或稱擇思達）Strattera
晶狀體　lens
殼核　putamen
等距壓力　isometric pressure
腎上腺　adrenals
腎上腺素　epinephrine

隨意運動　voluntary movement
頸部揮鞭性損傷　whip lash injury

十七畫
點燃作用　kindling
應激蛋白　stress protein
隱斜視　phoria

十八畫
雙眼視覺　binocular vision
雙腳交叉屈曲反射　leg cross flexion reflex
額葉　frontal lobe

十九畫
邊緣系統　limbic system
邊緣葉　limbic lobe
韻律運動訓練　rhythmic movement
　　training

二十畫
觸覺　tactile sense
釋放現象　release phenomena

二十畫以上
護腱反射　tendon guard reflex
讀寫障礙　dyslexia
驚跳反射　startle reflex
髓鞘　myelin sheath
癲癇發作　epileptic seizures
髖部　hip
顳葉　temporal lobe

英中名詞對譯

D

diagnoses 診斷

dominant eye 主導眼

dopamine 多巴胺

dopaminergic nerve connections
多巴胺神經連接

dopamine receptor 多巴胺受體

dopamine System 多巴胺系統

dyseidetic dyslexia 視覺詞義障礙類型
的讀寫障礙

dyslexia 讀寫障礙

E

electromagnetic impulse 電磁脈衝

electromagnetic irradiation 電磁輻射

electrosensitivity 電敏感

encephalin 腦髓（或稱腦啡）

epileptic seizures 癲癇發作

epinephrine 腎上腺素

episodic memory 情景記憶

esophoria 內隱斜

exomorphines 外啡肽

exophoria 外隱斜

expressive aphasia 表達型失語症

extensor muscles 伸肌

eye tracking 追視

F

FDA 美國食品藥品監督管理局

fear paralysis reflex 恐懼麻痺反射

fight and flight pattern 戰鬥及逃走的
模式

fine motor ability 小肌肉運動能力

fish brain 魚腦

flexor 屈肌

food additive 食物添加劑

food intolerance 食物不耐受

fovea 小窩

free radical 自由基

frontal lobe 額葉

fusion 融合

G

gamma-aminobutyric acid, GABA
γ-氨基丁酸

globus pallidus 蒼白球

glutamate 谷氨酸

glutamate receptors 谷氨酸受體

glutathione 谷胱甘肽

gluten 麩質

grasp Reflex 抓握反射

gross motor ability 大肌肉運動能力

gyrus cingulus 扣帶回

H

habituation 習慣化

hands pulling reflex 手拉反射

heavy metal 重金屬

hip 髖部

hippocampus 海馬體

hypermetropia 遠視

hyperphoria 上隱斜

hypertonic 張力亢進

hypothalamus 下丘腦

I

isometric pressure 等距壓力

J

jaw 頜骨

K

kinesthetic sense 運動覺

kindling 點燃作用

kyphosis 脊柱後凸

L

Landau reflex 抬軀反射（蘭道反射）

left hemisphere 大腦左半球

leg cross flexion reflex 雙腳交叉屈曲反射

lens 晶狀體

limbic lobe 邊緣葉

limbic system 邊緣系統

lobotomy 前額葉皮質切除手術（簡稱腦葉切除手術）

lordosis 脊柱前凸

lumbar 腰椎

lymph nodes 淋巴結

M

mammalian 哺乳動物

mammalian brain 哺乳動物大腦

melatonin 褪黑激素

mercury 汞

mesocortical dopamine system 中腦皮質多巴胺系統

metabolite 代謝物

methanol 甲醇

midbrain 中腦

midline reflex 中線反射

monosodium glutamate (MSG) 味精

moro reflex 擁抱反射

motion sickness 暈動病

motor ability 運動能力

motor cortex 運動皮質

motor development 運動發育

motor function 運動功能

motor skill 運動技能

motor system 運動系統

multiple sclerosis (MS) 多發性硬化症

muscle armour 肌肉鎧甲

muscle checking 肌肉檢測

muscle tone 肌張力

myelin sheath 髓鞘

myopia 近視

N

neocortex 新皮質

nerve connections 神經連接

nerve fibres 神經纖維

nerve nuclei 神經核

neural chassis 神經底盤

neural network of reading 閱讀神經網絡

neuron 神經元

neurotransmitter 神經傳遞物

nucleus caudatus 尾狀核

nucleus dentatus 齒狀核

Strattera 斯德瑞（或稱擇思達）

stress protein 應激蛋白

suspension 暫停

sweetener 甜味劑

symmetric tonic neck reflex (STNR)
　對稱性緊張性頸反射

symmetrotone reflex pattern 同肢反射
　模式

sympathetic nervous system 交感神經
　系統

synapses 突觸

vestibular sense 前庭覺

visual perception 視覺感知

voluntary movement 隨意運動

W

Wernicke area 韋尼克區

whip lash injury 頸部揮鞭性損傷

家長及學員心聲

　　懷着一份期待，一份好奇，一份求知欲，我開始了為期五天的布隆貝格韻律運動訓練學習，在整個學習過程中，我收穫的不僅僅是知識，更多的感受是身體層面的，身體記憶了太多卡住的情緒或者我們的過往創傷，這些能量卡在身體裏沒有釋放，就會給我們的生活帶來潛移默化的影響。同時，如果我們成長過程中的反射未被整合，也會影響我們的生活模式和習慣，雖然僅是短短的五天學習，確打開了我的身體情緒，讓我知道了很多行為背後的真正意義，非常感謝韻律運動帶給我如此大的收穫，感謝陳欣蔚老師的嚴謹教學，更透過陳老師看到了布隆貝格醫生的大愛，希望韻律運動可以幫助更多的家庭，更多的孩子。

海闊天空（大連）

　　回想起瞭解韻律運動和認識陳老師是一段很奇妙的過程，曾經逛淘寶無意間發現一本書《布隆貝格韻律運動訓練》，看了簡介，覺得很符合給我的孩子用，於是買了回來看，愈看愈覺得太適合幫助我的孩子了，然後就根據書上的網址聯繫了香港的恩典家庭教育中心，中心很熱心地回覆了很多郵件，讓我愈來愈堅定要去學習韻律運動，非常幸運的是陳老師在今年四月到大連來開班教授課程，全班三十多個學生，五天裏陳老師專業又耐心地講解理論，指導動作，學

習完後回家，我也斷斷續續在給孩子做，因為有時候自己會倦怠，可是孩子的變化還是很明顯，特別是語言發展比較快，寫字的連貫性也更加好，老師都說孩子上課的專注力好了很多，並且還給班上其他孩子家長極力推薦，叫他們來向我瞭解，看來我一定要堅持天天給孩子做運動，讓他的進步更大更明顯，所以很感謝陳老師帶給我們這麼好的方法，讓不知所措的家長能有效地幫助到自己的孩子，孩子的健康成長是父母們最大的心願。

唐女士（四川）

我的兒子滔滔五歲，是經剖腹生產的，兩個多月大時，呈現出發育遲緩問題，運動發育落後，有情緒問題，三歲多講話還是語調異常。

機緣巧合下，接觸到布隆貝格韻律運動訓練，抱着試試看的心理，開始給滔滔戒除麩質和奶類食物，然後每天進行韻律運動。三個多月後，我們驚喜地發現孩子講話的異常語調消失了，而且語言表達流暢很多；腿部肌肉明顯較之前有力量了；情緒也平穩了許多。看到孩子短時間內的可喜變化，真的驚歎於韻律運動的神奇功效。

之後我又請欣蔚老師給小孩子做了生物共振能量檢測，發現他的體內有寄生蟲、重金屬問題，腸道問題也比較大，欣蔚老師亦給出了系列的調整方案，實行兩個多月後，感覺孩子體重開始增加。這說明體內環境得到改善後，終於可以有效吸收營養了。

　　一段時間的貝氏療法體驗下來，感觸頗多。首先這是最適合家庭的療法，可以落地有效地幫助到孩子，家長只要學會簡單的操作，每天幾分鐘的親子時間即可幫助到自己的孩子，無論時間成本還是經濟成本都是最優的；其次這套療法是安全而且高效的。

　　現在做為媽媽的我，早已不再無助、焦慮和恐懼，每天生活在希望中，因為欣蔚老師曾說過：「韻律運動幫助過那麼多的孩子和家庭，你的孩子也一定幫得到，我一定會盡我最大的力量支援你！」而我也實實在在地看到了孩子的進步，感受到貝氏療法的魅力。

　　感恩布隆貝格醫生，更要感恩欣蔚老師對我的支持與幫助！

　　　　　　　　　　滔滔的媽媽（瀋陽）

　　今天一路開車回家，道路順暢，天空晴朗，迎着夕陽，心情大好！

　　這是讓我多麼愉快的一次培訓，兩位老師好，各位同學好，大家相處愉快，收穫很大，很大。自己的長短腿真的好了，我都不敢相信。自己怎麼那麼幸運的呢？

　　覺得自己的工作都要發光了，學生們都排着隊來做了，他們都整合了，幹什麼都得心應手，我女兒暑假回來，我也會把她弄得好好的。

　　愈想愈開心！覺得自己很幸福。

　　感恩欣蔚老師，她是天使！為我生命升了一個臺階。

感謝梁老師，彬彬有禮，為大家服務周到。感謝各位友善的同學，一起用心學習。下期我會繼續，期望見到大家。

張女士（廣州）

今天是女兒新學期開學的第一天，中午一回家就說，早上語文課，班主任叫她給同學們傳授她學過的知識，還說環境對大家的影響，家裏微波爐不要用，手機不要用，家裏晚上睡覺把無線關閉，爸爸媽媽手機關機，同學們家裏炒菜味精不要放，用熬的豬油等等。感恩！六天讓她對生活有了改變，有了自己正確的選擇，雖然我現在不知道能不能做到最好，但我相信有了思維的改變就是行為改變的開始。早上的打蟲水她說不好喝，但是還是一口就喝進去了。謝謝不一樣的課程和專業的導師，會出來很多不一樣優秀的孩子和成人。感恩！

歐女士（温州）

別的家長訴說家中的牆壁給小孩塗污了，櫃面也不能倖免於難，我聽着只能陪笑。我的孩子會握筆，但從不塗鴉。由學校帶回家的繪畫堂課，慘不忍睹，沒法看得明白。可能是孩子異於常人的觀察視點，使他認識的世界與大眾看到的不一樣。這樣的異常會對日後的生活造成多大的不便？

其後把孩子送去畫班，雖然在導師指引下，畫得美輪美奐，但從沒見孩子在家中拿起筆創作，自然地學校的堂課依然有四不像的感覺。

今年孩子參加了暑假營。這兩星期中每天也收到孩子於進行BRMT前後繪畫的隨意畫，雖然都是同一主題的風景畫，但老師細心解釋當中反映的心情變化，得知孩子很享受和歡快。兩星期的暑假營結束後，如奇跡地，孩子竟主動拿起筆愉快地畫出貓、袋鼠、米奇老鼠、青蛙等動物，而且每種也能清楚給辨認出來。他更會拿起圖畫書，要求我們教導繪畫。孩子突然進入塗鴉期，而他眼中的世界也傾向接近常人的視點。讓孩子參加暑假營目的，只是希望在愉快的群體氣氛中學習BRMT，從沒想到這竟還是最有效的「繪畫班」！在此真心多謝老師的愛心教導。

最後，期待日後孩子能繼續得到老師的正能量和愛心，讓他成為一個健康快樂的可人兒。

Ruby（香港）

Kendrick 小時候很容易發脾氣及大聲叫喊，經醫生診斷後確診他是一個亞氏保格症的兒童。由那時開始，他便不停接受感覺統合及情緒的訓練。最初他有明顯的進步，但最近一年發覺有點停滯不前。在偶然的機會下認識了欣蔚及BRMT。抱着一試無妨的心態，我讓 Kendrick 接受 BRMT的訓練，亦為他的飲食上作出了調節，進行了無小麥無奶的飲食。四個月過去了，明顯的看見 Kendrick 的脾氣有了很大的改善。以前每一次幫他剪頭髮，才開始一兩分鐘，他便會叫喊頭髮碎很刺痛，叫着要沖涼。現在他能坐着，直至最後的幾分鐘才說「有點刺痛」，忍耐力增強了不少。令我最

驚訝是他只用了幾天時間，便戒掉了咬手指的壞習慣！現在他每天都會花數分鐘的時間做 BRMT 才去睡覺。希望更多的家長能認識 BRMT，讓孩子們快樂及積極地面對未來的挑戰。

Kendrick 媽媽（香港）

兒子前年確診 ADHD，去年再確診亞氏保格症，起初我已不容易接受兒子有 ADHD 的問題，後來得悉他有亞氏保加症心情更沉重。這兩三年間我和兒子的關係並不好，他的活躍、反叛、自我令大家的關係非常緊張。直到兩年前，朋友把 BRMT 介紹給我。於是我便報讀了第一、二及三級課程，開始認識原始反射和戒食對特殊小孩的重要性。欣蔚鼓勵我替兒子戒掉小麥和奶，透過戒食和每天做 BRMT 的家居練習，兒子進步了不少。去年我更讓兒子上個別諮詢課程。欣蔚跟我說你不接納孩子的情況，包容他的病帶來的缺點和不足，他永遠也不會進步。於是我改變了以往嚴厲、操控式的管教方法，給他更多的自主權、親子時間。對他給予更大的愛和包容。這大半年間，欣蔚很用心、很盡力的幫助兒子，整合了他的原始反射，又利用不同的運動改善兒子的情緒。以前兒子愛發脾氣、情緒高漲時便一發不可收拾、對母親叛逆、不服從。治療以後，他的自我控制能力改善了，再沒有躁動亂跑，可以安坐。

專注方面，記得一年前他很討厭溫習，坐下來溫習不夠五分鐘，他便大發脾氣，每次溫習像上戰場一樣。我亦要

陪他做功課，否則他不能專注和安坐。治療後，他腰背更有力，變得專注了，可以專心安坐溫習四十五分鐘，而且溫習效率很高。他下學期的成績突飛猛進，重拾了自信，自此不再抗拒溫習了。治療以後，他亞氏保格症的情況亦舒緩了，以前他與人溝通時，總是滔滔不絕的訴說自己火車、恐龍的話題。治療後，他開始懂得與人溝通，不再沉醉於自我世界的單向交流。而且他的思考力亦提升了，邏輯和分析力更趨成熟，這令我們喜出望外。

感謝欣蔚這一年裏盡心盡力、悉心的教導、幫助兒子，令他進步超卓。他的進步，亦改變了我們一家，令我們一家更和諧、快樂。感謝讓我找到了 BRMT，令兒子得到最有效的治療。

一位願意不斷學習的母親（香港）

小兒現年八歲，被評估為患有自閉症、專注力不足及讀寫障礙。升上小二後，兒子的中英數科都不合格。後來我參加了布隆貝格韻律運動訓練家長課程，每天在家和兒子做韻律運動，並進行飲食管理、補充營養補充品及做能量平衡。之後這兩次的考試成績竟然有大躍進，中文和作文有 B，英文和數學都有 A。這兩學期他獲得了學校頒的進步獎。而他在做生物共振能量平衡後，免疫力提升了，暫時至今都未生病過。感謝欣蔚老師引入這貝氏療法，使我們受益，感謝！

何太（香港）

聽着小兒子傳來的歌聲，內心欣悦，感動不已。自小他除了有嚴重溝通障礙，發音和聲調也只有做媽媽的聽得明白，所以從來就不會唱歌。一年前開始了 BRMT，現在逐漸看到了成果。

自閉兒各有特色，治療方案也層出不窮。我選擇學 BRMT，除了因為被它的理論説服外，也因為它是能夠天天在家實行的方法。我相信就算有再好的治療師，再好的治療法，如果不能每天都在家執行，效果是不一樣的。我學了 BRMT，一星期最少有五天在家教孩子做練習，開始時教他做被動動作，半年後他開始做自動式動作；開始時的動作毫無節奏感，再半年後進步至有平穩的節奏。

我首先看到的成果是他游水和跳躍時，身體兩側對稱平衡了，動作靈活了。然後他在學習新知識時吸收明顯比以前快，寫字時空間感進步了。説話本來是他最弱的，但偶爾也能説出短句，讓我驚喜。他的自我概念也強了，懂得表達自己的意願和選擇。

整體來説，我覺得進行了 BRMT，孩子的智力發展進步了。雖然一些自閉症常有的重複性行為和語言，暫時未見明顯改善。不過，孩子的進步向來不是奇跡性地出現，而是一點一滴地累積而來的。我相信若再繼續進行高階的動作練習，孩子仍有無限的進步空間。在此，我由衷的多謝欣蔚老師給我的專業指導及對孩子的愛護。

鄧太（香港）

　　小兒三歲的時候被確診患有自閉症譜系障礙，作為父母，一下子要接受這個殘酷消息，實不容易，但我夫婦倆明白治療黃金期只餘下三年，我們一定要好好把握。在確診之後，小兒上午在私營訓練中心進行訓練，包括大小肌肉、語言、認知及社交訓練，多方面的成效漸進可見，下午則就讀主流幼稚園 K1 班。但是，我們發現小兒四歲多之後，他的進步開始放慢，甚至有停下來的感覺，他大小肌和認知沒有大問題，但是核心問題仍是沒有多大改善──社交和語言表達。莫說跟同輩一起玩耍，就連簡單的拖手也不願意。另外一個問題是情緒，每次他遇上不如意的事就會爆發，大叫大哭，情緒變化很大，有時憤怒，有時哀傷，有時什麼情緒也沒有。

　　時間一天一天過去，以為長大一點會轉好一點，但是過了超過半年，事情並不如我們所願發生，他的社交、語言表達和情緒問題都接近原地踏步。最後，我們醒覺，他的問題是源於「腦」。所以，我們做了三件事情：（1）驗重金屬；（2）驗食物過敏（IgG）；（3）上 BRMT 的課程。結果尿液和頭髮報告都指出小兒體內多項重金屬過多，尤其是水銀嚴重超標，我們在醫務所定期替他注射針藥讓他排毒，重金屬水準也順利漸漸降低。IgG 報告指出小兒原來對麩質、酪蛋白和酵母有較大不耐受情況，我們即時全面為他戒口，自己做菜，研究做各式中西無麩質和無酪蛋白的甜品。另外，我們將上課學到的 BRMT 應用在小兒身上，每晚在睡覺前，花一分鐘時間做 BRMT。有一天，小兒如常在家中玩積木，

我不小心踢倒了幾塊積木，以往他會大吵大叫嚷着哭，但這一次他竟然是望了我一眼，接着自己若無其事地拾起倒了的積木放回原位，我很驚訝，為什麼他沒有發脾氣？我由那天開始觀察，他真的在每次遇上不如意事情都能按程度表達，例如跌倒、玩具被踢倒，他只會不發聲或叫一聲便算；但如夾到手很痛，就會正常的哭，不會歇斯底里的哭，情緒的確有很大改善，非一般傳統訓練或社交小組能帶來的改善，而且只是幾個月時間，便有這樣的成效。語言表達方面，我們也發現他能說出極複雜結構的句子，而且不是我們預先教的結構，是他把過去學習到的多種不同句子結構加在一起，經消化其中意思和使用情況，再一併適當地混合說出來，這也是意想不到的改善。縱使社交問題還有待改善，現在小兒仍繼續戒口，做 BRMT，監察重金屬水平，希望在未來的時間能在社交上出現突破。

最後，我想帶出一個重要概念：身體是硬體，各方面的教導是軟體，一個人的成長是要兩者皆備，缺一不可。現在自閉症譜系障礙小朋友硬體出了問題，軟體的輸入，小朋友吸收到某階段會呈現樽頸，就像我的兒子一樣。要解決硬體問題，香港使用的主流方法也許未能對症下藥；反之，我們要多留意外國研究，選擇適當改善硬體的方法，透過排毒，改善飲食（戒口）和做 BRMT，為孩子準備一個優質的身體，接收需要學習的教導，那就事半功倍。

一個努力中的家長（香港）

　　兒子自小就被發現有重金屬超標問題，從尿液測試和頭髮測試看到水銀、鉛、鋁、鎘等重金屬超標。初期除了語言發展較慢，根據健康院的檢查並沒有其他發展遲緩。一位有排重金屬經驗的醫生為兒子處方鋅、鎂、魚油等營養補充劑，有助他排出重金屬。當時他的牙齒曾兩度長出黑色的污漬，醫生說是體內重金屬所致，服用營養補充劑後兩個月就回復潔白。三歲後經一位資深職業治療師做綜合評估，發現兒子在多個範疇的發展有幾個月的遲緩，專注力亦偏弱。當時尿液測試仍是有重金屬超標情況，我們擔心重金屬阻礙兒子的腦部發育，所以接受了醫生的建議，以螯合劑注射排出重金屬。在一個療程（即八針）後，兒子身上的臭汗味消失了。醫生說身體積聚重金屬時，在汗腺排出，多的話就做成惡臭。此外，兒子自小都不會一覺睡至天光，卻在療程後晚上不再哭醒。抵抗力也增強，少患感冒，身體上得到很大改善。不過，重金屬並不容易排出，需要多個療程才有較大進展。

　　兒子四歲時，抽血做慢性敏感測試（IgG），發現他對小麥、奶等多種食物敏感。戒口兩個月左右，濕疹就好了。醫生建議繼續戒口，因為可以改善專注力。戒口幾個月後，一位幫助兒子進行專注力訓練的治療師也察覺到他有很大的進步。

　　雖然借戒口及排重金屬，兒子持續有不少進步，但他仍有情緒及協調問題，特別是視覺功能不足，上小一後他自己表示看到重影，一些接近讀寫障礙的問題開始浮現。經朋友介紹，我參加了布隆貝格韻律運動的訓練班，希望借此

改善以上問題。至今為兒子進行被動式的韻律運動約一個月，兒子的想像力明顯加強了，他常創作歌曲，將要表達的話配上熟悉的曲調，有時則是自創 Rap 歌，再拍打物件和擺動身體做出節奏。他曾說自己不喜歡音樂，幼稚園老師曾投訴他唱遊時不唱歌又懶做動作，但他最近卻上網查學校學到的樂曲，甚至要求學琴。整體來說，他的感官反應似乎被強化了。

Vivien（香港）

十分感謝BRMT、陳欣蔚及恩典家庭教育中心為我的孩子帶來感恩的進步！

在持續進行了 BRMT 運動後，孩子的社交能力提升了，不但主動邀請同伴玩耍，投入集體遊戲，而且能跟上較複雜的團體指令，喜歡參與籃球練習及學校表演活動。BRMT 加強了我的孩子的語言理解和表達能力，現在孩子常會表達喜怒哀樂、不滿，甚至駁咀，也喜歡唱歌和朗誦。BRMT 加強了我們家人之間的關係，孩子常與家人交談，喜歡指導家人做 BRMT，夜上也嚷着要做 BRMT，然後才肯睡覺。我自己做了 BRMT，也改善了姿勢及減輕了痛症。

我相信懷抱信心、愛心、恒心去進行 BRMT，能令我的孩子不斷進步。在恩典家庭教育中心內，你會找到自信、快樂和被愛的孩子！Keep Rocking！共勉之！

羅太（香港）

一開始接觸 BRMT 是想多瞭解未整合的原始反射如何影響孩子的書寫技巧。但參加課堂時發現 BRMT 的理論中亦提及除讀寫以外，原始反射整合與否對孩子的情緒、專注力發展也有影響。BRMT 透過讓孩子模仿嬰兒時期的一些反射動作，刺激腦部不同部分如小腦、邊緣系統等的發展，繼而改善他們的情緒和專注能力。這與我們一直用於治療的腦神經科學概念相似，同時亦給予我們引進一些新思維、新角度去說明有特殊學習需要的孩子。我們期待將來能看見更多關於 BRMT 的研究，讓更多家長、教師和專業人士對 BRMT 有更多認識和瞭解，讓更多有特殊學習需要的孩子和家庭受惠。

林姑娘（職業治療師）（香港）

熙熙（化名）自一歲多便有情緒的問題，經常因小事歇斯底里地叫喊，既固執且專注力低，使身為父母的我們無所適從，家庭生活及精神備受困擾。

我們曾通過不同的方法幫助熙熙，例如遊戲治療、物理治療和職業治療等，但效果都未如理想。

直至他接近四歲時，機緣巧合下接觸到布隆貝格韻律運動訓練，才從根本瞭解明白熙熙面對的情緒問題。通過短短兩個月針對性的布隆貝格韻律運動訓練，其引起的感官刺激，使大腦各區域得到刺激及連接，從根本改善熙熙的情緒問題，衝動固執的情緒大大減少，整個人變得比以前專注及着地。看見他在短時間內的進步，我們實在感到很鼓舞。

熙熙（化名）的父母（香港）

　　小女是個早產女嬰，在懷中僅 23 周 6 天便出生了，出生時體重只有 780 克。這個脆弱的生命，自一出生就要為生存而掙扎。她出生後經歷了三次手術，能生存下來，這實在是一個奇跡。現時她差不多五歲，小腦萎縮，大腦的左右腦沒有腦橋（胼胝體）作連接。醫生說能說話和走路又是另一奇跡，因為在平衡、協調和言語上，小腦也扮演着重要角色。雖然小女每週都接受物理治療、職業治療和言語治療訓練，但為了促進更全面的體能和智慧發展，從物理治療師那裏得知 BRMT 有更全面的幫助，在傳統治療上會有另類突破，所以便在四個月前開始這種訓練方法。

　　最近幾個月，小女有了顯著的進步，在肢體上，平衡發展方面好了很多，不需用很大力扶着她就能走路，倚着牆站立也能達半個小時，將要跌倒時也盡量會自己保持平衡。小女更在智慧發展方面改善了，懂得用身體語言與人溝通，更會用簡單的單字表達她的意願。短短幾個月就有如此進步，相信 BRMT 確實能發揮小女的潛能，增加其獨立能力和自信。BRMT 是簡單、易學又易做的運動，每天只需花很短的時間就有很好的效果。

　　希望有更多人看完這本書後更瞭解 BRMT 這訓練方法，並從中能運用這方法在有需要的人身上，鼓勵他們更積極面對人生。

Candy媽媽（香港）

我的兒子於 2011 年確診患上威廉氏綜合症（Williams syndrome），當時他才兩歲多。這是一種罕有的遺傳病，主要會導致整體發展遲緩、肌張力低及輕至中度智障等。兒子雖然有言語的能力，但是比同齡的小朋友為弱，對周遭的環境感敏度亦較低，幾乎不會關注身邊的人和事。他在特殊幼兒中心上學，第一年進步比較明顯，接着第二年他的進展就明顯放緩，老師及治療師也評估兒子為中度智障，叫我們有心理準備。作為父母當然期望兒子能有更大的進步空間，而且在第三年他就要到評估中心作智力評估。我在機緣巧合下認識了恩典家庭教育中心，亦認識了 BRMT，抱着嘗試的心態帶着兒子接受 BRMT 的訓練，奇妙的事就在短短兩三個月內發生了！兒子的言語表達顯著的進步了很多，情緒和睡眠質數也改善了。我們其後再為他進行除麩質飲食，連他的專注力也明顯提高了很多。最終他的評估結果為輕度智障，言語能力為有限智慧（漸近正常），我們也為此鬆了一口氣，亦非常感謝欣蔚及中心的老師用心的訓練和幫助。我們相信透過 BRMT，他會成為一個有自信、有愛和有盼望的陽光孩子。

我有一個來自星星的孩子（香港）

責任編輯：羅國洪

封面設計：謝美婷

布隆貝格韻律運動訓練

作者：哈拉爾德·布隆貝格醫生

翻譯：陳欣蔚博士

出　　版：恩典家庭教育中心

　　　　　香港九龍尖沙咀山林道7號

　　　　　漢國佐敦中心2301-2302室

　　　　　電話：2341 6898 / 2889 0878　　傳真：2701 4098

　　　　　網址：www.honofamilyedu.com

製　　作：匯智出版有限公司

發　　行：香港聯合書刊物流有限公司

印　　刷：陽光(彩美)印刷公司

版　　次：2013年11月初版

　　　　　2018年5月修訂再版

國際書號：978-988-12929-5-7

憑此券於恩典家庭教育中心/貝氏韻律動
報讀布隆貝格韻律運動訓練® (BRMT)
證書課程*，即可享有九折優惠。

有效期至2019年4月30日
*只限香港或中國境內證書課程

條款及細則：
• 此優惠券只適用於布隆貝格韻律運動訓練® (BRMT) 國際證書課程 • 請於報名時出示此券，此券只限使用乙次，每次只可使用乙張 • 缺損或影印本恕不接納 • 此優惠券不能兌換現金，不可轉售及恕不找續
• 此優惠不能與其他優惠同時使用 • 恩典家庭教育中心保留更改有關使用此優惠券規則的權利

恩典家庭教育中心 (香港)

網址：www.honofamilyedu.com
電話：(852) 2341 6898 / 2889 0878

貝氏韻律動文化傳播有限公司

網址：www.brmtcn.cn
電話：(86) 0752-5578187 / (86) 0752-5578289

讀者優惠

憑此券於恩典家庭教育中心/貝氏韻律動
報讀布隆貝格韻律運動訓練® (BRMT)
證書課程*，即可享有九折優惠。

有效期至2019年4月30日
*只限香港或中國境內證書課程

條款及細則：
• 此優惠券只適用於布隆貝格韻律運動訓練® (BRMT) 國際證書課程 • 請於報名時出示此券，此券只限使用乙次，每次只可使用乙張 • 缺損或影印本恕不接納 • 此優惠券不能兌換現金，不可轉售及恕不找續
• 此優惠不能與其他優惠同時使用 • 恩典家庭教育中心保留更改有關使用此優惠券規則的權利

恩典家庭教育中心 (香港)

網址：www.honofamilyedu.com
電話：(852) 2341 6898 / 2889 0878

貝氏韻律動文化傳播有限公司

網址：www.brmtcn.cn
電話：(86) 0752-5578187 / (86) 0752-5578289